U0257435

兽医流行病学
与动物卫生经济学

Veterinary Epidemiology and
Animal Health Economics

[新西兰] Mark Stevenson　主编

中国动物疫病预防控制中心　组译

中国农业出版社

Contact information:

Mark Stevenson (M. Stevenson@massey. ac. nz)
EpiCentre, Institute of Veterinary, Animal and Biomedical Sciences
Massey University
Private Bag 11-222, Palmerston North, New Zealand

Tel. : +64 (06) 350 5915
Fax: +64 (06) 350 5716

URL: epicentre. massey. ac. nz

Notes for Veterinary Epidemiology and Animal Health Economics, taught as course 227. 408 within the BVSc program at Massey University.

Contributions from Dirk Pfeiffer, Cord Heuer, Nigel Perkins, and John Morton are gratefully acknowledged.

The material presented in Chapters 12, 13 and 14 is drawn heavily on Putt S, Shaw A, Woods A, Tyler L, and James A (1988) Veterinary Epidemiology and Economics in Africa—A Manual for use in the Design and Appraisal of Livestock Health Policy. University of Reading, Berkshire, England: Veterinary Epidemiology and Economics Research Unit. The authors of this (now out of print) text are gratefuly acknowledged.

7 June 2013

◆ 本书译者名单 ◆

主　　审	刁新育
主　　译	杨　林　张淼洁
副主译	杜　建　刘　祥　付　雯
	刘林青　王志刚
参译人员	李文合　金　萍　梁璐琪
	杨文欢　王　赫
审　　校	张海明　崔基贤

目　　录

第一部分　兽医流行病学

第二部分　动物卫生经济学

第三部分 资   源

第一部分

兽医流行病学

1 简介

本章学习目的：
- 比较疾病管理的临床方法和流行病学方法。
- 描述动物个体疾病的影响因素。
- 描述动物群体疾病的影响因素。
- 了解同源流行和连续传播型流行的意义及其区别。

1.1 流行病学的定义和目的

流行病学是研究群体疾病的学科。流行病学家描述群体中不同疾病水平个体的特征，并提出能够帮助找出高流行率组和低流行率组差异的问题，从而确定疾病的风险因素。在确定风险因素之后，采取相关措施来减少群体对于风险因素的暴露，从而降低群体发生疫病的风险。流行病学方法甚至能够在不知道确切致病机制（或者致病因子）的情况下控制疫病。

区分流行病学方法和临床方法对于疾病的管理非常有用。**临床方法**关注动物个体，目的是诊断疾病并进行治疗，包括身体检查以及一系列的鉴别诊断。通过进一步的检查、实验室检测和观察动物个体对治疗的反应，将鉴别诊断的名单逐渐缩小，最终做出单一诊断。在理想状态下，这个诊断即为正确的诊断。卫生领域的研究表明，最终的诊断几乎都来自最初的鉴别诊断。如果疾病不在最初鉴别诊断的列表上，则不可能做出关于该病的最终诊断。如果临床医生不熟悉此种疾病（例如外来病或罕见疾病），或该病是一种从来没有被诊断过的"新发"疾病，则该病很可能被忽略。**流行病学方法**在观念上与临床方法完全不同，流行病学不依赖于是否能够准确确定致病因子。该方法通过观察病例和非病例之间的相同和不同之处来了解增加或减少疾病风险的因素。

实际上，临床医生在日常工作中已经不知不觉地在综合应用临床方法和流行病学方法。如果问题相对清楚，则流行病学方法作用不大。如果是新情况或复杂情况（例如涉及多种致病因素），则优先使用流行病学方法，从而更好地了解个体对疾病易感的风险因素。一旦了解了这些因素，就可以有针对性地确定控制疾病所需采取的措施。

1.2 宿主、致病因子和环境

个体会不会发生疾病，通常取决于以下三个因素的相互作用：
- 宿主（host）。
- 致病因子（agent）。
- 环境（environment）。

宿主是可能感染疾病的个体（动物或人）。个体的年龄、遗传、暴露水平和健康状况都会影响其对疾病的易感性。致病因子是引起疾病的因子，如细菌、病毒、寄生虫、真菌、化学毒物、营养缺乏等，一个疾病可能会涉及一个或多个致病因子。环境包括导致疾病传播的宿主内、外部环境条件。环境可能会影响宿主的健康状况、提高其对疾病的易感性或为致病因子的存活提供有利条件。

1.3 个体、地点和时间

群体层面的疾病状况通常取决于以下三个因素的相互作用：
- 个体因素（individual factors）：什么类型的个体易感？哪些个体易于传播疾病？
- 空间因素（spatial factors）：疾病在哪些地区普遍？哪些地方少见？这些地方有什么不同？
- 时间因素（temporal factors）：疾病频率如何随时间发生变化？其他什么因素与这些变化有关？

1.3.1 个体

动物个体可以根据以下特点进行分组：年龄、性别、饲养类型、品种、毛色等。流行病学研究的一个重要方面是确定动物个体特征对疾病风险的影响。图 1 显示了 1999 年美国儿童和青少年的溺水死亡率，其中，死亡率最高的是 1～4 岁的儿童，因为此时儿童能够自由活动并且对周围的一切都感到好奇，但又不知道深水的危险及落水后如何逃命。我们可以从图中得出如下结论：儿童溺水死亡率最高的是 1～4 岁年龄组，预防措施应该着眼于这个年龄组的儿童。

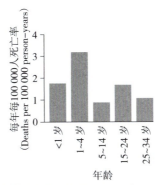

图 1：1999 年美国各年龄段儿童和青少年溺水死亡率。死亡数为 1999 年的数据，Hoyert DL，Arias E，Smith BL，Murphy SL，Kochanek KD（2001）绘制。来源：National Vital Statistics Reports volume 49，number 8. Hyattsville MD：National Center for Health Statistics。

1.3.2　空间

疾病的空间模式是环境因素的代表。环境因素包括气候因素（温度、湿度、降水量）以及管理因素（例如，某国特定地区动物管理可能导致高发病率，但是在其他地区没有这种情况）。近年来，地理信息系统和空间数据的方

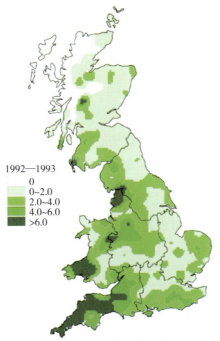

图 2：从 1992 年 7 月到 1993 年 6 月英国疯牛病发病风险（用每平方千米每 100 头成年牛的疯牛病确诊病例表示），Stevenson 等（2000）绘制。

便获取（例如卫星图像）为进行空间流行病学分析提供了便利条件。

图 2 显示了 1992—1993 年英国牛群疯牛病发病风险的地理分布。与北方相比，南方高发病风险与其使用浓缩饲料的类型和数量有关。

1.3.3　时间

当我们在研究影响疾病的时间因素时，需要对个体参照时间和日历时间进行区分。个体参照时间是指在个体的一生中定义事件发生的时间，例如，对于奶牛疾病，我们研究泌乳期前 7 天产奶热风险的增加，这种研究，即时间与生产事件相关。日历时间是指一个事件发生的绝对时间，例如，讨论在 8 月发生的产奶热病例，并与 12 月的数据进行比较。

群体疾病的时间模式可用流行曲线表示。其中横轴表示时间，竖轴表示新发病例数（图 3）。流行曲线的形状能够反映畜群疾病的重要特征信息。

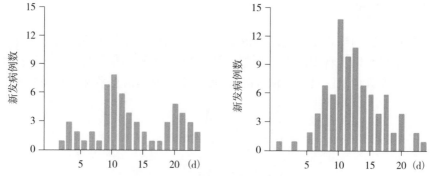

图 3：流行曲线。左侧图显示了典型的连续传播型流行病的流行曲线，右侧图显示了典型的同源型流行病的流行曲线。

群体层面病例的快速增加被认为是流行病的发生。流行病通常的特征是，群体内病例数在短时间内出现快速增加，之后随着易感动物数的降低而下降。流行病的发生是由于新的病原进入到原来没有暴露（无病）的群体中，或者是在前一次疫病流行一段时间之后，由于易感动物数量再次增加，相同的致病因子导致病例数的再次增加。流行病通常有同源型或连续传播型两种类型。

发生同源型流行病（common source epidemic）时，易感动物暴露于同一种致病因子。如果畜群在相对较短的时间暴露，在一个潜伏期之后会出现病例，这称为同源型的点源流行病（common point source epidemic）。日本广岛原子弹爆炸后白血病流行就是一个典型的事例。流行曲线很快上升并达到峰值，之后逐渐下降。暴露也可能发生在相当长一段时间，或为间歇性或为持续性，这就发生间歇性同源流行病或持续性同源流行病。曲线形状出现快速上升

（与致病因子的传入有关）。如果去除共同的致病因子，曲线则陡然下降；如果疾病暴发使病原消耗殆尽，曲线则渐进下降。

连续传播型流行病（propagated epidemic）的首发病例是后续病例的传染源，而后续病例相应会成为后续病例的传染源。理论上，连续传播型流行病的流行曲线有连续的一系列峰值，反映了每一代病例数的增加。流行通常会在传播几代后减弱，其原因可能是易感动物数量降低到临界值以下或干预措施有效。

在某些情况下的流行曲线会同时出现同源型流行病和连续传播型流行病二者的特点。图 4 表示的是 2001 年英国坎布里亚郡口蹄疫疫情的流行曲线。这次流行病开始是同源（点源）流行病，随后成为连续传播型流行病。

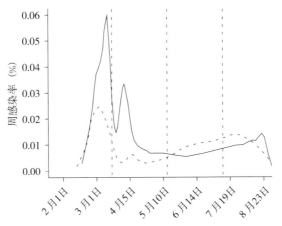

图 4：2001 年英国坎布里亚郡口蹄疫周报，牛（实线），其他动物（虚线）。根据 Wilesmith et al（2003）制图。

地方流行病（endemic）描述的是疾病（或事件）在可预期的频率内发生。图 5 显示了在 1999—2006 年向新西兰惠灵顿动物庇护所送交的流浪犬猫的数量。图 5 左侧显示每个月送交猫的数量有明显的差异，但是送交犬的数量则无此特征。如果将长期的数据作成图，就可以看到长期的趋势。图 5 的右侧显示出在该研究期间，送交犬猫的数量出现稳定的下降。

同时描述疾病的空间分布和时间分布是十分有益的。图 6A 的流行曲线显示了中国香港 2003 年 2～4 月发生急性呼吸窘迫综合征（Severe Acute Respiratory Syndrome，SARS）的病例数。图 6B 显示了在同一时期内不同地区每 10 万人群中的 SARS 病例数。

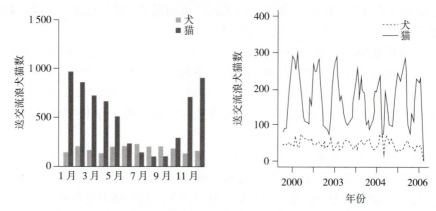

图 5：1999—2006 年捕获并送交给新西兰惠灵顿动物庇护所的流浪犬猫数量。左图所示为在整个研究期间不同月送交的犬猫数量。右图为 1999—2006 年每月送交的犬猫数量。根据 Rinzin et al（2008）制图。

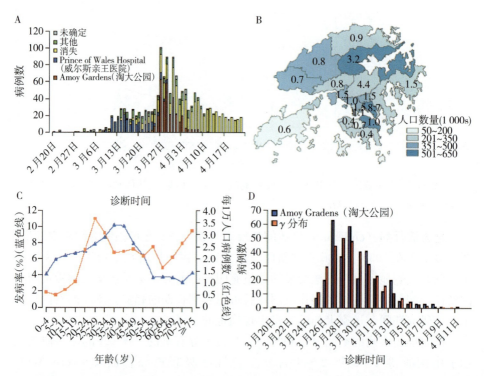

图 6：2003 年 2～4 月中国香港 SARS 流行。A：中国香港 SARS 流行的时间特征。B：中国香港人口空间分布和 SARS 流行过程不同地区的发病率（每 10 万人口）。C：中国香港居民的年龄分布和 SARS 流行过程中不同年龄阶段的发病率（每 10 000 人口）。D：Amoy Gardens群体发病的时间分布图，根据疾病传入的时间，符合 γ 分布。根据 Donnelly et al（2004）制图。

2   健康测量

本章学习目的：
- 了解在群体水平进行疾病测量的重要性。
- 区分流行率和发病率。
- 比较发病风险、发病率的区别，并且解释如何选择这两个指标。
- 描述封闭群体和开放群体的区别。
- 计算封闭群体和开放群体的发病风险和发病率。
- 举例说明在兽医流行病学中对疾病频率进行调整的必要性。

2.1   简介

流行病学研究的一项最基本任务是对疫病的发生进行量化，这可以通过计算感染个体数完成。问题是，病例的数量受到群体大小的影响，当风险群体数量大时，病例的数量相应也会多。要比较疾病在不同群体、时间及地点的状况，就需要考虑疾病所在群体的规模，然后再计算病例数。

对群体的疾病水平进行定量的重要性在于，它使卫生管理者能够：
- 确定哪种疾病具有经济方面的重要性。
- 确定使用有限资源开展控制措施的优先顺序。
- 计划、实施和评价疾病控制项目。
- 履行向相关国际组织进行报告的义务，例如世界动物卫生组织。
- 向贸易伙伴证明无疫。

疾病频率的相关定义：

比例（proportion）是一个分数，它的分子包含在分母中。比如，在 12 个月内我们拥有 1 个 100 头牛的牛群，其中发现 58 头为病牛。牛群中病牛的比例即为 $58 \div 100 = 0.58 = 58\%$。

比（ratio）定义了两个数的相对大小，用一个数（作为分子）除以另外一个数（作为分母）。牛群中病牛的比即为 58：42 或 1.4：1。

封闭群体（closed population）是指在特定的时间段内，群体中没有新个体的进入或者原有个体的移出。**开放群体**（open population）是指在接下来的时间中，群体中有新个体的进入（例如新出生的动物）或者原有个体的移出（例如动物的出售或者死亡）。在兽医生产实践中，大部分的群体为开放群体。

致病率（morbidity）是指在一个特定群体中，疫病的发生程度或频率。致病率的两个重要测量指标分别为**流行率**（prevalence）和**发病**（incidence）。流行病学家必须正确应用这些术语。

2.2 流行率

严格意义上来说，流行率（prevalence）是指在某一特定时间点，群体中患某种疫病或具有某种特质个体的数量。流行风险（incidence risk）是指在一特定时间点，群体中患某疫病或具有某特质个体数量占群体的比例。很多作者在其书中提及流行风险时，往往使用的也是流行率一词。在本书中，也按此惯例，用流行率一词指代流行风险。

$$\text{流行率} = \frac{\text{现有病例数}}{\text{群体动物总数}} \qquad (1)$$

流行病学文献中将流行率分为以下两类：①**时点流行率**（point prevalence）等于某群体在一单独时间点上（如同一幅快照中）的病例数；②**期间流行率**（period prevalence）等于研究期间患病动物数占群体动物数的比例。当计算期间流行率时，患病病例数等于期间初患病病例数加上期间新发病例数。

> 1944年，纽约州纽堡、金斯敦市同意参与对水中添加氟化物预防儿童蛀牙的研究（Ast and Schlesinger, 1956）。1944年这两个城市水中的氟含量都很低。1945年纽堡市开始向其饮用水中添加氟化物，将水中的氟化物浓度提高了10倍。与此同时，金斯敦市的水氟含量保持原有水平不变。为评估水中增加氟含量对牙齿健康的作用，对这两个城市1954—1955年在校儿童进行了一项调查。判定6~9岁儿童患有蛀牙的标准如下：儿童的12颗乳尖牙至少缺少了一个；或是第一颗或第二颗乳磨牙缺失；或是有蛀牙临床症状；或是X光片证明有蛀牙。
>
> 对金斯敦市216名一年级的学生进行的调查显示，其中有192人有蛀牙。对纽堡的184名一年级学生的调查显示，其中116人有蛀牙。假设这次调查全面覆盖了适龄儿童，那么在研究期间，金斯敦市一年级学生发生蛀牙的病例为192例。金斯敦市儿童蛀牙的流行率是192÷216＝89%；纽堡市儿童蛀牙的流行率是116÷184＝63%。

参考文献：Ast DB, Schlesinger ER (1956). The conclusion of a ten-year study of water fluoridation. American Journal of Public Health, 46：265-271.

2.3　发病

发病（Incidence）计算的是在观测期间最初的易感个体成为患病病例的频率。当个体从易感状态变成患病状态后，就产生了一个病例。对发病病例的计算是，在特定时段中群体中发生某事件的数量。发病有两种表达方式：**发病风险**（incidence risk）和**发病率**（incidence rate）。

2.3.1　发病风险

发病风险（也叫累积发病率，cumulative incidence）是指特定时段中，群体中最初的易感个体成为新发病例的比例。

$$发病风险 = \frac{新发病例数}{群体中最初风险动物数量} \quad (2)$$

发病风险通常表示为在特定时间段内每个群体的新发病例数。这里所说的特定时段可以是人为确定的（如：5 年间关节炎的发病风险），或者根据不同的个体（如：关节炎的终生发病风险）。在对地方流行病进行调查时，这个特定时段往往是指此流行病发生的时间。

> 去年对一个有 121 头牛的牛群做结核菌素检测，结果全部为阴性。今年还是对这 121 头牛进行同样的检测，结果有 25 头为阳性。则这群牛在 12 个月中的发病风险为每百头有 21 例（21：100）。

对于封闭群体，可以直接计算发病风险。分母为研究期最初的非患病动物数。对于开放群体，计算则稍微复杂一些：我们需要计算在研究期间进入和离开群体的个体数量。为此，首先计算期初的个体数量，加上在研究期间进入群体的动物数量（例如出生和购入的动物）的一半，然后再减去离开群体的动物数量（例如由于与特定疾病无关因素而离开群体的动物）的一半。假定个体进入和离开群体的比率维持在一个稳定的水平，则在整个研究期间中间时间的动物数量可以代表开放群体的大小。如果一个个体仅患病一次，那么则需要包括离开群体的患病个体（一旦易感个体成为了病例，则将其从风险群体的数量中减去）。

- 风险动物数量 ＝ 在研究期间中间时间点的群体大小

- 风险动物数量 $= \left[N_{开始} + \frac{1}{2} N_{新} \right] - \left[\frac{1}{2} N_{减少} \right]$

- 风险动物数量 $= \left[N_{开始} + \frac{1}{2} N_{新} \right] - \left[\frac{1}{2} \left(N_{减少} + N_{病例} \right) \right]$。此方法是假定每个个体只能计一次病例。

> 某个猪场有 125 头猪。3 月 10 日该农场出现第一例猪放线杆菌胸膜肺炎病例。3 月 10 日到 7 月 12 日（124 天）总共发现并治疗了 68 例临床病例。其中的 24 例需要反复治疗（因为这些病例在首次感染治疗后恢复，但是在之后的几周内再次发病，需要二次治疗）。在整个暴发期间有 4 头感染猪死亡。计算在整个期间的猪放线杆菌胸膜肺炎发病风险。
>
> 假设我们决定使用感染猪的数量作为结果（相对于放线菌病例数），我们假设一旦猪患病，则不再对该病易感。
>
> 风险动物数量 $= \left[125 + (0.5 \times 0) \right] - \left[0.5 \times (0 + 68) \right]$ $= 125 - 34 = 91$ 头。
>
> 总共有 $(68 \div 91) = 75 / 100$，即在整个 124 天的期间，每 100 头风险猪中有 75 头感染。

2.3.2 发病率

发病率也叫发病密度（incidence density），是指在特定时段内，每单位风险动物-时中新发的病例数量。发病率的分母是按风险动物（或人）-时计数的。

$$发病率 = \frac{新发病例数}{风险动物总时间} \tag{3}$$

因为公式中的分母以风险动物-时或人-时为单位表达的，所以很容易计算出在研究期间调走或损失的个体。如表 1 所示，假定对 5 头牛进行为期 12 个月的乳房炎的临床研究。

表 1　牛乳房炎数据

编号	详情	发病事件	风险天数
1	8 月 1 日产犊，8 月 15 日发病，9 月 15 日发病，10 月 15 日发病，11 月 15 日卖掉	3	106[a]
2	8 月 1 日产犊，11 月 15 日发病，5 月 15 日干奶	1	365
3	12 月 1 日买进，1 月 1 日发病，5 月 15 日干奶	1	243
4	8 月 1 日产犊，11 月 16 日卖掉	0	107
5	10 月 1 日产犊，10 月 5 日死亡	0	4
总计		5	825

[a] 8 月 1 日至 11 月 15 日 = 106 天。

根据表 1 的数据，12 个月的临床乳房炎发病率为每 825 风险牛-天 5 例（等于每风险牛-年 2.2 例）。

封闭群体的风险动物-时（分母）为期初未患病的动物数乘以期间长度。对于开放群体，我们用期初动物数加上期间进入动物数的一半，再减去期间离开动物数的一半来代表风险动物数（与计算开放群体的发病风险相同）。这一数字可以用研究期间中间时间点的动物数量代替，然后乘以期间长度，用来估计总共的风险动物-时。

风险动物-时 = 研究期间中间时间点群体的动物数量×期间长度

$$风险动物-时 = \left\{ \left[N_{开始} + \frac{1}{2} N_{新} \right] - \left[\frac{1}{2} N_{减少} \right] \right\} \times 期间长度$$

风险动物-时 $= \left\{ \left[N_{开始} + \frac{1}{2} N_{新} \right] - \left[\frac{1}{2} \left(N_{减少} + N_{病例} \right) \right] \right\} \times$ 期间长度。此方法假定每个个体只能计一次病例。

使用群管理软件可以准确计算出风险动物-时，因为每个动物进入和离开群体的时间都非常明确，很容易计算出每个动物的风险动物-时，从而计算出群体总的风险动物-时。上面的方法用于根据汇总数据估计发病率（例如，当数据仅限于期初动物总数、进入的动物数和移出的动物数时）。

Garner 等人于 1999 年发表了一篇对 31 076 名大型零售业物品搬运工背部扭伤的研究。1994 年至 1995 年的 21 个月的工资单可以反映出此项工伤的情况。在 54 845 247 个工作小时内共计发生了767 例背部扭伤的工伤事件。计算其发病率为每 10 万工人-小时1.4 例背部扭伤。

Reference：Gardner LI, Landsittel DP, Nelson NA (1999). Risk factors for back injury in 31 076 retail merchandise store workers. American Journal of Epidemiology，150：825-833.

一个猪场有 125 头猪。3 月 10 日该农场出现第一例猪放线杆菌胸膜肺炎病例。3 月 10 日到 7 月 12 日（124 天）总共发现并治疗了 68 例临床病例。其中的 24 例需要反复治疗（因为这些病例在首次感染治疗后恢复，但是在之后的几周内再次发病，需要二次治疗）。在整个暴发期间有 4 头感染猪死亡。计算在整个期间的猪放线杆菌胸膜肺炎发病率。

假设我们决定使用感染猪的数量作为结果（相对于放线菌病例数）。病例数为 $\left[(68-24) + (24\times2) \right] = 92$。因为我们使用疾病事件总数作为分子，所以在计算风险动物-时（分母）的时候考虑了恢复的动物。

风险动物-时 = [125+ (0.5×0)] − [0.5× (0+4)] ×124

风险动物-时 = (123×124) 猪-天

风险动物-时 = 15 252 猪-天

在 124 天的时间内，每 100 风险猪-天中有 (92÷15 252) = 0.60 头猪发生放线杆菌胸膜肺炎。

在计算发病率时，最为困难的是正确计算群体的风险动物数。需要注意如下原则：

- 对于封闭群体，风险动物数为研究期初未患病的动物数。
- 对于开放群体，需要根据进入和离开群体的动物数量对风险动物数进行调整。

2.3.3　流行率与发病之间的关系

表 2 对以上所述的疫病频率的 3 个测量指标的主要特点进行了比较。

表 2　流行率、发病风险和发病率的主要特征对比

	点流行率	期间流行率	发病风险	发病率
分子	在某一特定时间点的所有病例	期初病例数加上研究期间新发病例数	研究期间新发病例数	研究期间新发病例数
分母	所有易感动物数	所有易感动物数	研究期初易感动物数	研究期初所有易感动物在整个研究期间的动物时
时间	单一时间点或时间段	定义的时间段	定义的时间段	对每个个体在期初到事件发生、离开群体或者研究期结束的时间段进行测量
研究类型	横断面研究	队列研究	队列研究	队列研究
解释	在特定时间点动物是病例的可能性	在特定时间段内动物是病例的可能性	在特定时间段内动物发展为病例的可能性	在特定时间段内动物成为新病例的速度

图 7 提供了对疫病频率计算各种方法的示例。此例子是关于一个 10 头动物的畜群，这 10 头动物在研究之初都是健康的，对此畜群的跟踪调查期为 12 个月。对该群疫病状态的评估是每月一次。

动物	1月	2月	3月	4月	5月	6月	7月	8月	9月	10月	11月	12月	患病	风险月份
A					发病								是	4
B													否	12
C							淘汰						否	7
D		发病											是	1
E													否	12
F						发病							是	5
G											发病		是	10
H													否	12
I													否	12
J					淘汰								否	5
合计													4	80

疾病事件：4；　期初动物数：10；

离开动物数：2；

期末动物数：8

6月流行率：33%（9只动物中3只患病）；

12月流行率：50%（8只动物中4只患病）

发病风险（计算离开的动物）：44%（9只动物中4只发病）

发病风险（粗略）：40%（10只动物中4只发病）

发病率（准确）：每80风险动物-月新发4例

发病率（粗略）：每84风险动物-月新发4例

图7：流行性、发病风险和发病率的计算（使用精确和近似解法）。

> 对于时间点流行率、期间流行率和发病率，可以用摄影来比喻。时间点流行率可以看做是闪光摄影，展现了在开始时发生的事件；期间流行率可以比作长时间的曝光；记录的事件数量为相机快门打开的一段事件。在影片中每个胶片记录了一个事件（时间点流行率）。从一个胶片到另一个胶片发生了新的事例（发病事件），根据一个时间段内的所有相关事例（胶片数量）计算出发病率。

不是流行病学家的人通常会在理解发病率上存在困难，因此在一些情况下经常将发病率近似于发病风险（使用群体中的病例数比较容易理解）。假定在特定的时间段内发病率始终不变，可通过以下方法推算出研究期间的发病风险：

- 封闭群体：发病风险＝发病率×研究时间
- 开放群体（当研究时间很短时）：发病风险～发病率×研究时间
- 开放群体：发病风险＝$1-\exp^{(-发病率×研究时间)}$

假定发病率恒定并且研究对象为封闭群体，可按如下方法根据发病率来推算流行率：

- 流行率＝（发病率×疫病持续时间）÷（发病率×疫病持续时间＋1）
- 疫病持续时间＝流行率÷［发病率×（1－流行率）］

> 在一个奶牛群中，跛足的发病率估计为每风险牛-天 0.006 例。疫病的平均持续时间为 7 天。
>
> 疫病的流行率估计为（0.006×7）÷（0.006×7＋1）＝0.041；也可表示为每100头牛4.1例。

2.4 其他健康测量指标

2.4.1 罹患率

罹患率（又称袭击率，attack rate）为在特定时间段内群体中发病的比例。罹患率等同于发病风险。通常在同源型流行病暴发时使用。粗略的罹患率等于病例数除以暴露个体数。某个风险因素的特定罹患率等于暴露的个体中成为病例的个体数除以暴露个体数。此参数用"罹患风险"来描述更为确切。

2.4.2 续发率

续发率（又称二次袭击率，secondary attack rate）为暴露于初始病例的个体在整个感染期间成为病例的数量。分母为暴露于初始病例的易感动物数。续发率用以描述传染病。同样的，这一参数用"二次袭击风险"描述更加合适。

2.4.3 粗死亡率

粗死亡率（mortality rate）或死亡风险（mortality risk）是发病率的一个特例，这里关注的结果是死亡而非患病的个体。特定原因死亡风险是指因某病处于死亡风险的群体中由此病造成死亡的发生风险。死亡率的分母既包括该病的现有病例（指患病但还未死亡的个体），也包括存在患病风险的个体。

2.4.4 致死率

致死风险（或率）是指患病的个体中死亡的比例。

> 致死率反映了疫病病例的预后情况。死亡率反映的是该病对整个群体在死亡方面带来的负担。

2.4.5　死亡率比例

死亡率比例（proportional mortality rate）的术语名暗示了其是指一特定群体在某时间段内，由于某特定原因造成死亡的个体占所有死亡个体的比例。

$$死亡率比例 = \frac{某疾病导致的死亡数}{所有原因造成的死亡数} \tag{4}$$

2.5　健康测量的调整

我们经常需要比较不同群体（例如种群、地区、国家）的疾病频率。但是，因为群体的疾病水平常依赖于其他的因素（例如年龄、生产类型、品种），在某一群体中较高水平的疾病发生情况可能是由于这一群体规模较大，也可能存在其他的因素。例如，估计人群中高血压的流行率。选择两个地区进行调查。第一个地区是本区域的中心并且有一个大的大学；第二个地区是沿海地区，是该国较为温暖的区域，有相当数量的退休人员。研究发现沿海地区的高血压流行率显著高于第一个地区。存在差异可能是因为这两个群体不同的年龄分布状况：中心地区的人群主要为年轻人（在校大学生），沿海地区的人群主要为老年人（退休人员）。为了对这两个地区进行有效的比较，我们需要根据年龄的分布对流行率进行调整。使用这些方法对疾病频率进行估计的过程称之为年龄调整或者年龄标准化。

如要比较不同群体疫病的水平，就需使用调整后的率值。在卫生领域中，很多健康状况都与年龄相关，通常的做法是根据年龄对相关参数进行调整。在兽医领域，年龄、品种及生产类型（如肉牛、奶牛等）都是常见的调整变量。如对两个鼠群进行为期一天的观察，发现第一个鼠群的死亡率为1%，第二个鼠群的死亡率是2%。最初，我们可能会认为这种差异是由于管理状况不同造成的。但随后得知，第一群是以小鼠为主，第二群是以大鼠为主。两个鼠群在照管、饲养状况方面都是相同的，死亡率不同仅是由于年龄差异引起的。

疾病频率的调整有两种方法：**直接调整法**与**间接调整法**。

2.5.1　直接调整法

在直接调整法中，i^{th} 直接调整值等于观测到的疾病频率（例如流行率或者发病）乘以 i^{th} 标准化的群体大小

$$直接调整值_i = OBS\ R_i \times STD\ P_i \tag{5}$$

OBS R_i 为：i 层观测到的疾病频率；

STD P_i 为：i 层标准化后的群体大小。

假定我们要比较两个地区牛副结核的发病情况，表3为这两个地区12个月牛发病数的记录以及该地区牛的数量，并且按照年龄进行了分层。

表3　两个地区12个月的牛副结核发病记录

年龄阶段	A 地区			B 地区		
	病例数	牛数量	IRa	病例数	牛数量	IRa
青年	1	1 000	10	20	10 000	20
中年	25	5 000	50	50	5 000	100
老年	100	10 000	100	20	1 000	200
总数	126	16 000	79	90	16 000	56

a 发病风险（每 10 000 头牛的病例）。

在每个年龄阶段的牛群中，B 地区的发病风险均远远高于 A 地区。但是，当计算总数时，我们却发现 A 地区的发病风险（79/10 000）高于 B 地区（56/10 000）。图 8 解释了为什么会出现这样的结果。空心圆显示了两个地区每个年龄组的发病风险。方框表示的群体规模，很明显地可以看出，A 地区的老年动物群体数量较大，而 B 地区的青年动物群体较大。实心圆表示两个地区的整体发病风险：A 地区为 79/10 000，B 地区为 56/10 000。老年群体在整个动物群体的比例较高，从而拉高了 A 地区整体的发病风险，同样，B 地区青年群体所占比例高，拉低了整个群体的发病风险。

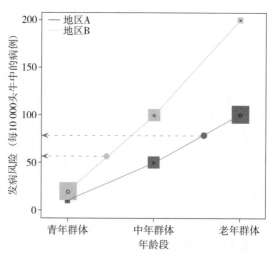

图 8：两个地区 12 个月内记录的牛副结核病发病风险。空心圆表示每个年龄组的发病风险，方框表示不同年龄阶段的群体规模，实心圆表示各地区总的牛副结核病发病风险。

> 以上关于牛副结核发病风险的例子是 Simpson's 悖论的一个典型案例。Simpson's 悖论指的是，由于混杂因素的存在，使得在整个群体中存在关联的方向与各个分层组中的关联方向相反。
>
> Simpson's 悖论并不是一个真正的悖论，只是用一个极端的事例展示出混杂因素的存在有可能改变关联的方向。

年龄的因素可以通过直接调整法来去除，包括三个步骤：

● 第一步，选择一个参考的群体，有很多的选择（例如使用普查数据）可以使用，最简单的方法是将表 3 中的数字相加，结果见表 4。

表 4　调查研究中两个地区的标准年龄分布

年龄组	组群数量
青年	1 000＋10 000 = 11 000
中年	5 000＋5 000 = 10 000
老年	10 000＋1 000 = 11 000
总数	16 000＋16 000 = 32 000

● 第二步，使用参考群体数量将两个地区各年龄阶段的发病风险标准化。对每个年龄层的病例数进行直接的调整，结果见表 5。

表 5　直接调整后的副结核病

年龄组	地区 A 直接调整计算	地区 B 直接调整计算
青年	(10 ÷ 10 000) × 11 000 = 11	(20 ÷ 10 000) × 11 000 = 22
中年	(50 ÷ 10 000) × 10 000 = 50	(100 ÷ 10 000) × 10 000 = 100
老年	(100 ÷ 10 000) × 11 000 = 110	(200 ÷ 10 000) × 11 000 = 220
总数	11+50+110 = 171	22+100+220 = 342

● 第三步，使用两个地区调整后的病例总数除以参考群体数量。A 地区为 171÷32 000＝53 例/10 000 只动物，B 地区为 343÷32 000＝107 例/10 000 只动物。调整后 B 地区总的发病风险高于 A 地区，与各个年龄组的结果一致。直接调整法能够依靠年龄结构对地区的发病风险进行调整。

2.5.2　间接调整法

在间接调整法中，i 层的调整值等于标准化的频率乘以观测到的 i 层群体大小。

$$间接调整值_i＝STD\ R_i×OBS\ P_i \qquad (6)$$

STD R_i 为：i 层标准化的频率；

OBS P_i 为：i 层原有的群体大小。

通常对 i 层设置一个标准化的发病（或者流行率），将所有组的病例求和后除以总的群体大小。在这一方法中，i 层间接调整的病例数等于标准的发病率（或者流行率）乘以该层的群体数量。这一方法得到的是每个层的预期发病数（E_i），前提是假定每层的发病率均和整个群体总的发病率一致。通常用每层观测到的病例数（O_i）除以预期发病数（E_i）来得到标准化的患病率或者死亡率比（SMR）。

表 6 中显示了在上述示例中，两个地区分别的发病风险和总的发病风险。

表 6　病例数、群体大小和两个地区牛副结核病发病风险

地区	牛副结核病数量	群内个体数量	发病风险[a]
A	126	16 000	79
B	90	16 000	56
总数	216	32 000	67

[a] 发病风险（每 10 000 头牛的病例）。

表 7 显示的是每个地区牛副结核病的预期病例数（间接调整后的病例数）和标准化患病率比。

表 7　已观测和预期的牛副结核病病例数量以及每个地区牛副结核病标准化患病率比（SMR）

地区	已观测	预期	标准化患病率比
A	126	$0.006\ 7 \times 16\ 000 = 107$	$126 \div 107 = 1.17$
B	90	$0.006\ 7 \times 16\ 000 = 107$	$90 \div 107 = 0.84$

在表 7 中我们计算了两个地区牛副结核病的平均发病率（32 000 头风险动物中 216 个病例）来推算每个地区的预期病例数。使用实际的病例数除以预期的病例数得到了标准化患病率比。A 地区的实际病例数是预期的 1.17 倍，B 地区的实际病例数是预期的 0.84 倍。因为这一方法并没有对年龄因素进行调整，所以得出 B 地区的 SMR 小于 A 地区的错误结论。

当地区单元（例如州、县）是分层的基础时，通常在地区分布图上计算每个地区单元的 SMR 值来进行比较（区域的颜色代表不同的结果）。SMR 地区分布图是用于描述群体疾病地理分布的有效方法，并可显示随时间的变化。图 9 为 1986—1997 年英国疯牛病的地区分布图。

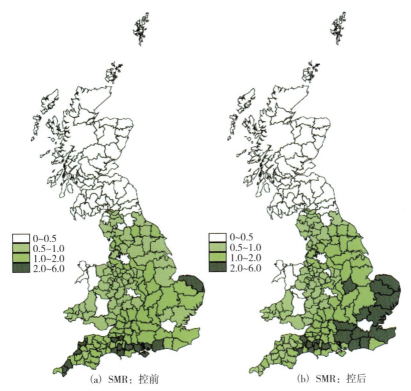

(a) SMR：控前　　　　　　　　　(b) SMR：控后

图9：用间接调整法描述疫病风险空间分布变化实例。图为 1986—1997 年间英国牛海绵状脑病（BSE）标准化死亡率比的区域分布图。图 a 表示的是 1988 年 7 月 18 日实施对反刍动物禁饲肉骨粉禁令前出生的牛情况，图 b 表示的是 1988 年 7 月 18 日至 1997 年 6 月 30 日之间出生的牛情况。上图表明了随着时间的变化，各地风险变化的情况（尽管 1988 年至 1997 年，BSE 的发病显著下降）。根据 Stevenson（2005）绘制。

已知某国某种动物某病的流行率是 0.01%。如现有一区域中共有 20 000 头该种动物，则可预计这 20 000 头动物中，病例数为 0.01% × 20 000＝2 头。

但如果此区域实际该病的病例数为 5 例，则其 SMR＝5 ÷ 2＝2.5。也就是说该地区发病数比预测的高出 2.5 倍。

3 研究设计

本章学习目的：

- 理解描述流行病学和分析流行病学的不同之处（通过实例说明）。
- 理解病例报告、病例辑、描述性研究、生态学研究、横断面研究、队列研究、病例-对照研究、临床试验、随机临床试验以及群体试验的主要特征。
- 能够对于疾病确定的风险因素提出合适的研究建议，针对群体提出疾病方面的有关问题；能够对选择的研究设计进行评价。
- 描述横断面研究、队列研究、病例-对照研究和临床试验的优缺点。

3.1 简介

一般来说，研究都从问题开始。一旦对研究问题有了明确的定义，接下来就需要选择研究方法。研究方法设计是选择研究课题并获取相关数据的计划。图 10 显示了流行病学研究方法的主要类型：①描述性研究（descriptive studies）；②分析性研究（analytical studies）；③实验性研究（experimental studies）。

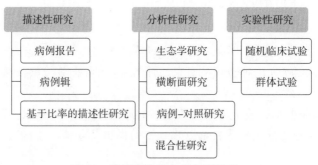

图 10：流行病学研究的主要类型。

描述性研究没有明确假设，通常在研究新疫病的早期进行，用于确定疾病特征、发病频率以及在个体、空间和时间的分布。分析性研究用来确定和检验相关暴露和某种结果之间关系的假设。实验性研究也用于检验某种暴露和结果之间因果关系假设。二者之间主要区别在于，实验性研究中研究者能够直接控制研究条件。

3.2 描述性研究

描述性研究的特征就是在整个研究过程中没有明确的假设。

3.2.1 病例报告

病例报告（case report）是描述"有价值的"临床事件，比如，不常见的临床症状、新的治疗方法或者一系列事件预期之外的因果关系。病例报告一般采取临床记述的形式。

> Trivier at al（2001）报道了在一个 88 岁老人身上发生的致命的再生障碍性贫血事件。这位老人曾经服用了氯吡格雷，这是一种市场上出现的抑制血小板再生的较新药物。作者猜测这位老人所患的病由氯吡格雷引起，希望提醒其他的临床医生这种药物可能引起的副作用。
>
> 参考文献：Trivier JM, Caron J, Mahieu M, Cambier N, Rose C（2001）. Fatal aplastic anaemia associated with clopidogrel. Lancet, 357：446.

3.2.2 病例辑

一个病例报告能够描述一次发生的事件，病例辑（case series）用于描述重复发生的病例。病例辑能够描述多个病例的一般特征及其之间的差异。

> 1987 年英国发生了牛海绵状脑病（BSE）以后，人们担心这种疫病可能会传播给人类，于是成立了专门的监测小组来研究克雅氏病（Creutzfeld-Jacob disease, CJD）。CJD 是一种罕见、致命的进行性痴呆症，与 BSE 的临床症状和病理特征相同。1996 年，这个小组描述了 10 例具有典型 CJD 特征的病人，这些病人都很年轻，并且显示出独特的症状，在进行病理检查后发现，他们的大脑中都有独特的朊蛋白质粒，这个特点与 BSE 相似。
>
> 参考文献：Will RG, Ironside JW, Zeidler M, Cousens SN, Estibeiro K, Alperovitch A et al（1996）. A new variant of Creutzfeld-Jacob disease in the UK. Lancet, 347：921-925.

3.2.3 基于率的描述性研究

基于率的描述性研究（descriptive studies based on rates）运用发病率、流行率、死亡率或其他疫病频率的指标量化疾病所造成的后果。这种研究常常从已有的资源（比如出生和死亡证明、病历记录或监测系统）中获取所需要的数据。描述性研究为开展假设提供了丰富的资源，这种研究可能继续延伸成为分析性研究。

> Schwarz et al（1994）开展了一项关于费城非洲裔美国人为主的居住区域故意伤害发生率的描述性流行病学研究。这个研究小组在医院急诊中心建立了伤害监测系统。分母信息来自美国人口普查数据。作者发现这座城市的这个区域有很高的故意伤害发生率。
>
> 参考文献：Schwarz DF, Grisso JA, Miles CG, Holmes JH, Wishner AR, Sutton RL（1994）. A longitudinal study of injury morbidity in an African-American population. Journal of the American Medical Association，271：755-760.

3.3 分析性研究

分析性研究用于检验假设。流行病学中，典型的假设关注于某种暴露是否引起特定的结果。例如，吸烟会引起肺癌吗？暴露（exposure）这个术语一般是指特征、行为、环境因子或其他可能引起某种疾病的原因。暴露的同义词包括：潜在风险因素（potential risk factor）、推测原因（putative cause）、自变量（independent variable）和预测值（predictor）。结果（outcome）这个术语一般是指疾病的发生。同义词包括：效果（effect）、截止点（end-point）和因变量（dependent variable）。

分析性研究中的假设是某种暴露在实际中能否引起某种结果（不仅仅限于二者之间是否有联系）。希尔准则经常用于判断特定的暴露是否是特定结果的原因。

3.3.1 生态学研究

在生态学研究（ecological studies）中，分析单位是一群个体（比如县、州、城市或者普查地段）。生态学研究是将不同的暴露情况和不同的后果进行比较，并且其推论是个体水平的。

　　Yang et al（1998）在我国台湾的 28 个城市进行了一项生态学研究，即检验氯化饮用水和癌症致死率之间的关系。调查发现，饮用氯化饮用水和直肠癌、肺癌、膀胱癌和肾癌之间呈正相关。

　　参考文献：Yang CY, Chiu HF, Cheng MF, Tsai SS（1998）. Chlorination of drinking water and cancer in Taiwan. Environmental Research，78：1-6.

　　生态学研究相对快速、便宜，并且能够提供相关暴露和结果之间可能关联的线索。生态学研究的一个主要缺点是存在生态学谬论，即假定在群体间观察到的关联也存在于个体之间。

3.3.2　横断面研究

　　横断面研究（cross-sectional studies）需要在一个时间点或者较短的时间段从总体中进行抽样。对样本中的个体疫病发生情况和个体对特定风险因素的暴露情况之间的关系进行检验。横断面研究一般需要通过调查来收集数据。调查范围从简单的、仅涉及一个变量的一页纸问卷调查到高度复杂、多页纸的调查设计。横断面研究包括问卷系统设计、执行和分析以及调查。

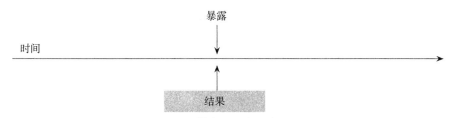

图 11：横断面研究示意图。

　　优点：与其他研究方法相比，横断面研究实施相对快捷、费用适中（因为不需要对样本进行长时间的跟踪）。

　　缺点：横断面研究不能提供群体疾病发病的信息，仅能估计流行率。横断面研究不适用于研究病程较短的疾病，并且由于无法确定暴露和结果发生的先后顺序，对于建立和研究因果关系较为困难。

　　Scuffham et al（2008）对新西兰 867 名兽医进行了横断面研究，用来确定与工作相关的肌肉骨骼不适的风险因素。完成网上调查的人员中，80% 的人在 12 月之内有因为骨骼肌肉不适而暂时离开工作的经历。调查发现对工作环境不满意的人员的骨骼肌肉不适的发生率是其他人员的 2.64 倍（95% CI 1.08～6.30）。

> 哪一项是先发生的？是对工作环境的不满意增加了发生骨骼肌肉不适的可能，还是因为骨骼肌肉的不适造成了对工作环境的不满意？这种暴露和结果的不确定性就是横断面研究的缺点。
>
> 参考文献：Scuffham AM，Legg SJ，Firth EC，Stevenson MA (2009). Prevalence and risk factors for musculoskeletal discomfort in New Zealand veterinarians. Applied Ergonomics，41：444-453.

3.3.3 队列研究

队列研究（cohort studies）用于比较研究时段内暴露于相关因素的不同组别（队列）的疾病发病率。队列研究可以分为**前瞻性的**（prospective）和**回顾性的**（retrospective）（图12）。

前瞻性队列研究首先需要选择两组未感染疫病的动物，一组暴露于可能引起疫病的假设风险因素，另外一组则不暴露。观察两组动物，并记录研究时段内的疫病状态及变化情况。

回顾性队列研究从确认了所有病例之时开始，对每个组别个体的历史进行详尽了解，作为评估调查的风险因素暴露的证据。

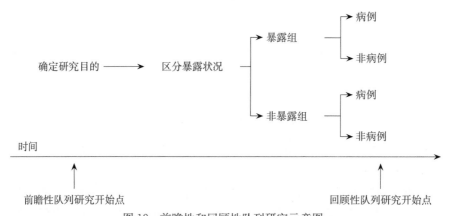

图12：前瞻性和回顾性队列研究示意图。

优点：由于被调查者在疫病发生的全程都受到监视，队列研究能够估计暴露个体和非暴露个体的疫病绝对发病率。能够记录疫病确诊前的暴露状态。在大多数病例中，这种方法能明确说明是否由于暴露引起疾病。队列研究非常适合对罕见的暴露进行研究。因为在群体基础较大的时候，研究中暴露组和非暴露组的相对人数不必反映总人口中的真实暴露情况。

缺点：前瞻性队列研究需要很长的研究时间。对于罕见疫病，需要大量的研究个体。对个体跟踪的丢失是后续研究的大问题。所需费用一般较高。

> 为评估移动电话发出的不同无线电频率信号可能的致癌作用，Johansen et al（2001）在丹麦进行了一项回顾性队列研究。两个移动电话网络运营公司提供了 1982—1995 年所有 522 914 个客户的电话和住址。调查者把这些记录与丹麦人口登记中心的记录进行匹配。在进行数据整理后，420 095 个移动电话用户保留下来，构成暴露队列。所有其他的丹麦公民，在研究期间成为非暴露队列。暴露名单和非暴露人员名单与国家癌症档案进行匹配。结果可以计算癌症发病率。根据调查，移动电话用户中共有 3 391 名癌症患者。根据年龄、性别和个人风险时间（公历年）的分布，原来预测移动电话用户中会有 3 825 名癌症患者。
>
> 参考文献：Johansen C，Boise J，McLaughlin J，Olsen J（2001）. Cellular telephones and cancer — a nationwide cohort study in Denmark. Journal of the National Cancer Institute，93：203-237.

3.3.4　病例-对照研究

例如，我们要调查一种罕见病例如犬膀胱癌的风险因素。假设我们拥有完美的数据，能够获得整个国家每只犬的病例记录并且有关于这只犬在 1 岁时是否暴露于相关因素的信息。对于某个特定的暴露因素（例如使用过联苯胺），我们可以建立 2×2 表格，见表 8。

表 8　犬膀胱癌研究的假设数据

	疾病＋	疾病 －	总数
联苯胺＋	60	188 940	189 000
联苯胺－	57	278 943	279 000
总数	117	467 883	468 000

在这一假设的示例中，在 1 岁之前使用过联苯胺的犬膀胱癌的发病率为 32/100 000，非暴露组的发病率为 20/100 000。暴露组犬的膀胱癌发病率是非暴露组的 1.6 倍。

下面来设想一下开展该研究的可能性。我们需要调查 468 000 只犬，询问在 1 周岁前详细的给药情况，并且跟踪观察数年去记录是否发生膀胱癌。这是一项非常艰巨的任务。病例-对照研究能够提供相似的结果，但是在实施上要简单很多，不需要对所有的患病犬和非患病犬进行调查。

假设我们采用了病例-对照研究（case-control studies），调查了 117 只患膀胱癌的犬和 117 只未患膀胱癌的犬。结果见表 9。如果仅有表 9 中的数据我们不能够计算出暴露组或者非暴露组的风险，因为没有全体的数量。但是我们能够计算出暴露组和非暴露组患膀胱癌的比值（odds），暴露组膀胱癌和非膀胱癌犬的比值为 $60 \div 47 = 1.28$，非暴露组膀胱癌和非膀胱癌犬的比值为 $57 \div 70 = 0.81$，比值比为 $1.28 \div 0.81 = 1.6$，与之前计算的风险比一致。得到相同结果的原因在于病例-对照研究中暴露与非暴露犬只的比例与实际中暴露与非暴露犬只的比例相同。

表 9　犬膀胱癌研究的假设数据

	疾病＋	疾病－	总数
对二氨基联苯＋	60	47	107
对二氨基联苯－	57	70	127
总数	117	117	234

研究群体包括 117 起膀胱癌病例，并且从该族群随机选择了 468 个对照。

这个例子说明了病例-对照研究的优点。通过对病例和对照的调查得到了与实际中相同或者相近的结果，但是调查实际的数据是非常昂贵的，并且对群体中的每个个体进行调查也不具有实际操作性。

在病例-对照研究中，通过选择病例和对照，可以比较它们暴露于风险因素的频率。病例是指在研究期间具有某一特定结果的对象，对照是指不具有这一结果的对象。关键问题在于选择的对照需要能够代表其所在群体暴露于风险因素的频率。在多数的情况下，个体为研究单元，这一研究也适用于以群体为单位（圈、舍、种群）的研究。图 13 显示了病例-对照研究的设计图。

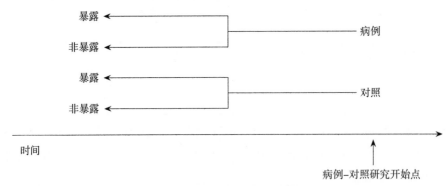

图 13：病例-对照研究示意图。

设计病例-对照研究的关键在于保证病例和对照在除了对假定风险因素的暴露不同外其他的方面都相同。对照和病例要来自同一群体——这样能够排除一些混杂因素的干扰。有以下三种方法可以用于保证病例和对照的相似性：

● 限制抽样。如果品种很可能成为混杂因素，那么在进行研究的时候就只选择一个品种（群体中的主流品种）。

● 配对。为每个病例配备具有相同或相似混杂因素的对照（例如选择同一性别，或者同一年龄）。这一方法能够控制已知的混杂因素，并且在一定的条件下提高了分析的效果。但是存在缺点：①很难选择出合适的对照；②无法研究配对因素在疾病风险中的作用；③在分析数据时需考虑配对的影响；④可能会出现过度配对，从而降低了研究的有效性（有时也会带来偏倚）。

● 分析性控制。多重回归分析技术可以用于消除已知混杂因素的影响。

优点：病例-对照研究是研究罕见疾病的有效方法。因为在研究开始时，研究的对象已经出现了所要关注的结果。病例-对照研究与其他研究相比更快捷、便宜。

缺点：病例-对照研究不能提供群体的发病率。研究依赖过去记录的质量或研究参与者记忆的清晰程度。这种研究也很难确保对照组是无偏差的，因此很难保证样本的代表性。

> Muscat et al（2000）尝试验证移动电话的使用影响脑癌的发病率这种假设。从1994年到1998年，美国的5个学术医学中心收集了469个首次诊断为脑癌的18～80岁的患者病例。对照组（n＝422）是在这些医院中没有脑癌的住院病人，这些病人中没有白血病和淋巴癌患者。抽样选择的对照组在年龄、性别、种族和入院时间都与前者相匹配。对每个暴露组和对照组的成员都进行访问，询问关于过去对移动电话的使用情况。14.1%的病例组人员和18.0%的对照组人员使用过移动电话。在针对两组在年龄、性别、种族、教育程度、研究中心和访问的年月等因素进行了相应调整后，得出的结论是：移动电话用户发生脑癌的风险是非移动电话用户的0.85倍（95%置信区间是0.6～1.2）。
>
> 参考文献：Muscat JE，Malkin MG，Thompson S，Shore RE，Stellman SD，McRee D et al（2000）. Handheld cellular telephone use and risk of brain cancer. Journal of the American Medical Association，284：3001-3007.

> 在队列研究中，首先确定的是暴露的状态（暴露，非暴露），之后对样本进行跟踪并确定其结果（患病，非患病）。
>
> 在病例-对照研究中，首先确定的是结果（患病，非患病），之后通过调查历史信息来获得暴露状态（暴露，非暴露）。

3.3.5　混合性研究

巢式病例-对照研究（nested case-control study）与队列研究相似，关键的区别在于选择非病例（对照）进行分析（而不像队列研究时，要对整个队列组进行分析）。图 14 为巢式病例-对照研究的设计图。

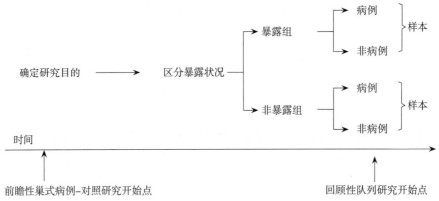

图 14：巢式病例-对照研究研究示意图。

优点：当成本太高或无法对队列研究进行额外分析的时候，非常适合使用巢式病例-对照研究（例如，如果样本收集和样本实验室分析太贵）。与标准病例-对照研究相比，巢式病例-对照研究：①能够利用疾病发生时最初收集的暴露和干扰因素数据，这样就可以减少潜在回忆偏差和时间模糊的数据；②包括来源于同一个队列中的病例组和对照组，可以减少选择性偏差出现的可能性。因此，巢式病例-对照研究研究是一项功能较强的观察性研究，与原队列研究具有可比性。

缺点：有一个需要关注的小问题是，进行巢式病例-对照研究时，由于死亡或跟踪的丢失等情况，对照组中剩下的未发病的人可能不能完全代表原始队列的特征。

> 为确定幽门螺杆菌感染是否与胃癌有关，Parsonnet et al（1991）构建了一个 128 992 人的队列，对这些人自从 20 世纪 60 年代开始追溯。在最初的队列中，189 个病人患了胃癌。调查者进行了巢式病例-对照研究，选择了全部的 189 个胃癌患者作为病例组，选择另外处于同一队列中的未患胃癌的 189 个人作为对照组。在追溯的初期使用血清对幽门螺杆菌感染状态进行确诊。证实胃癌病例组中 84% 的人以前感染了幽门螺杆菌，而对照组中只有 61% 的感染。这一点表明，幽门螺杆菌与胃癌的风险呈正相关。

参考文献：Parsonnet J，Friedman GD，Vandersteen DP，Chang Y，Vogelman JH，Orentreich N，Sibley RK（1991）.Helicobacter pylori infection and the risk of gastric-carcinoma. New England Journal of Medicine，325（16）：1127-1131.

病例-交叉研究（case-crossover study）是对于一系列病例的研究，其定义是在疾病发生之前的一段时间内（病例窗口期）进行选择，同时评价对风险因素的暴露情况。对于每一个个体，同时选择一个相同时间长度的短暂的、非重叠的时间窗口（对照窗口期），但是在这段时间内个体并没有发病。这一研究适用于随着时间发生变化并且效应短暂的暴露因素的研究，或者是急性事件的研究（例如癫痫发作、哮喘发作）。这一设计是非常有效的，因为每个病例都选择其自身作为对照。

Valent et al（2001）开展了一项研究，确定睡眠障碍是否是儿童伤害的风险因素。研究选择了一系列的病例，并且向每位儿童询问其在伤害发生前的 24 小时内是否存在过睡眠障碍，以及再之前 24 小时的情况（对照窗口期）。在 181 名男孩中，40 名在之前的两天都有超过 10 小时的睡眠，111 名在这两天中的任何一天的睡眠时间都小于 10 小时；21 名仅在伤害发生的前一天睡眠小于 10 小时；9 名在伤害发生前的倒数第二天睡眠小于 10 小时。睡眠时间小于 10 小时和超过 10 小时发生伤害的比值比为 2.33（95% CI 1.02～5.79）。

参考文献：Valent F，Brusaferro S，Barbone F（2001）. A case-crossover study of sleep and childhood injury. Pediatrics，107：E23.

追踪研究（panel study）同时具有横断面研究和前瞻性队列研究的特征。追踪研究可以看作是针对相同的对象在连续时间间隔（有时称作波浪）所做的一系列横断面研究。这种设计允许调查者能随时从把一个变量中的变化与另外一个变量的变化联系起来。追踪研究和前瞻性队列研究的区别很小。在队列研究中是在事件发生后的一段时间内采集数据，在追踪研究中是在定义的时间段内（例如采访者）采集数据。

重复调查（repeated survey）是对同一研究群体在研究时间段中进行一系列横断面研究，但每个横断面研究都独立抽样。追踪研究在其所包含的所有横断面调查跟踪的是相同的个体；而重复调查所包含的所有调查对象仅是针对相同的群体（群体组成在每次不同的调查中可能有所不同）。重复调查用于确定健康状态随时间变化的总体趋势。

3.3.6 随机临床试验

随机临床试验（randomised clinical trails）是与实验室试验最相似的流行病学研究方法。主要目的是检验某种疗法或预防性干预的效果。这种方法的关键特征是运用正规的随机分配方法对试验组和对照组进行分配。然后在研究的时间段内，对调查对象测试一个或多个结果（例如疫病的发生）。所有调查对象发生某结果的可能性都是平等的。与从任何其他试验设计中得到的结果相比，随机试验结果为推理因果关系提供了更加稳固的基础。

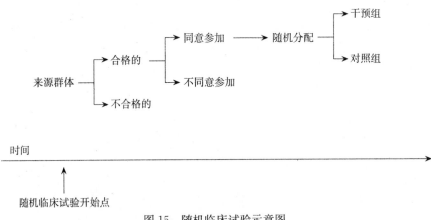

图15：随机临床试验示意图。

优点：随机化试验一般能对干扰因素进行很好的控制，即便这些因素难以测量或不被调查者了解。

缺点：对于多种暴露因素，可能因道德、可行性方面（例如污染暴露）的原因无法进行临床试验。成本较高。可能因需要的试验时间过长而无法实施。

在美国每年大约有800 000怀孕妇女感染细菌性阴道炎。人们发现这种病与早产和其他妊娠并发症有关。为了解抗生素治疗是否会减少妊娠副反应的发病率，Carey et al（2000）筛查了29 625名怀孕妇女，确定1 953名患有细菌性阴道炎，符合其他调查条件，并同意参与调查。将这些妇女随机分配到两组：第1组要求服用2剂2克剂量的甲硝唑；第2组要求服用2剂同样剂量的安慰剂。

78%进行药物治疗的妇女痊愈，对照组仅有37%的妇女痊愈。两组中，预先阵痛、母亲或婴儿产后感染及进入重症监护室等情况的人员比例相同。

参考文献：Carey JC，Klebanoff MA，Hauth JC，Hillier SL，Thom EA，Ernest JM et al（2000）. tronidazole to prevent preterm delivery in pregnant women with asymptomatic bacterial vaginosis. New England Journal of Medicine，342：534-540.

3.3.7　群体试验

群体试验（community trails）不是将个体随机分配到治疗组和对照组，而是对整个群体实施干预措施。在最简单的情况下，一个群体（社区、团体）接受治疗或干预，另外一个群体作为对照组。

3.4　主要研究方法的比较

队列研究涉及对疫病测定指标分母的计算（个体处于风险中的时间）；病例-对照研究仅从分母中抽样。队列研究可以得出发病率和发病风险；病例-对照研究只能得出比值比。前瞻性队列研究能够对因果关系描述给出最明确的证据，因为任何假定的原因都会在疫病发生前出现。由于这些研究设计都是在一个很大的非控制下的环境中进行的观察，因此不能避免其他的因素可能对结果造成影响。前瞻队列研究对于研究罕见病无效，病例-对照研究是研究这种疫病的好方法。一个精心设计的横断面研究比病例-对照研究更能代表总体。

表 10　队列研究、病例-对照研究和横断面研究的比较

标准	队列研究	病例-对照研究	横断面研究
抽样	区分暴露和非暴露个体	区分患病和非患病个体	从研究总体中随机抽样
时间	通常是前瞻性（也可能是回顾性）	通常是回顾性	独立的时间点
因果关系	有时间顺序的因果关系	初步的因果关系假说	疾病和风险因素关联
风险值	发病风险、发病率	无	流行率
风险比较	相对风险、比值比	比值比	相对风险、比值比

4 关联测量

本章学习目的：
- 对于给定的疫病测量数据，可构建 2×2 表并根据合适的公式计算下列关联测量指标：相对风险、比值比、归因风险、归因比例、群归因风险和群归因比例。
- 能够解释下列关联测量指标：相对风险、比值比、归因风险、归因比例、群归因风险和群归因比例。
- 描述一些不能用相对风险衡量暴露与后果之间联系的情况。

4.1 简介

流行病学的一项重要任务是对暴露和结果之间的关联强度进行定量。在本章中，"暴露"是指需要对其造成的效果进行评估的变量。暴露有可能是有害的、有益的、或者既有害也有益。"结果"用于描述由于暴露原因、预防或治疗干预引起的所有存在的可能（Porta，Greenland and Last，2008）。风险因素是与增加一种特定结果的可能性有关的因素或者暴露。例如：

- 发生事故的摩托车通常有轮胎磨损的情况。
- 临床上，冠心病患者往往有高血压。
- 免疫了的动物发生梭菌病的可能性下降。

在上面的例子中，磨损的轮胎、高血压以及免疫作为暴露。摩托车事故、冠心病和梭菌病作为结果。每个暴露都被称为风险因素（免疫是一种保护性的风险因素）。如果我们能够找出疾病的风险因素，将给出有利于健康管理的建议。许多流行病学研究都关注于识别风险因素并对其对疾病发生可能性的作用进行定量。

研究对象在研究开始时未患病，并且在一定的时期内对所有对象进行监视以发现疾病的发生。如果暴露和结果均为二项变量（是或否），那么我们可以对研究对象按照以下四种情况进行计数并制作 2×2 表格。见表 11。

表 12 为一项队列研究的 2×2 表格，其目的是研究猫饲喂干性食品（DCF）和猫下泌尿道疾病（FLUTD）之间的关系。在这项研究中猫饲喂干性

食品是暴露，有猫下泌尿道疾病是结果。

表 11 2×2 表格。疾病状态（阳性的和阴性的）如列所示，暴露状态（阳性的和阴性的）如行所示。按照每个暴露-疾病对应的分类对个体进行计数，并且填到相应的空格中

	患病	未患病	总数
暴露的	a	b	$a+b$
非暴露的	c	d	$c+d$
总数	$a+c$	$b+d$	$a+b+c+d$

表 12 关于干性猫食的使用和猫群中猫下泌尿系疾病发病情况关联性的队列研究调查结果

	FLUTD+	FLUTD−	总数
DCF+	13	2 163	2 176
DCF−	5	3 349	3 354
总数	18	5 512	5 530

4.2 关联强度测量

4.2.1 发病风险比

发病风险比（risk rate ratio，RR）定义为暴露组发病风险与非暴露组发病风险之比：

暴露组的发病风险：$R_{E+}=a/(a+b)$

非暴露组的发病风险：$R_{E-}=c/(c+d)$

$$RR=\frac{R_{E+}}{R_{E-}}=\frac{a/(a+b)}{c/(c+d)} \tag{7}$$

发病风险比用于估计暴露个体发病可能性与非暴露个体发病可能性的倍数。如果发病风险比为 1，暴露和非暴露组的发病风险相等。如果风险比大于 1，意味着暴露增加发病风险，且比值越大效果越强。如果风险比小于 1，暴露降低发病风险，可以说暴露具有保护性。在病例对照研究中，不能估计发病风险比，因为这一类型的研究不能够计算疫病的发病风险。此时用比值比代替，见下文。

4.2.2 发病率比

在一些用发病率而不用发病风险度量疫病发生情况时，可以计算发病率比（incidence rate ratio）。发病率比是指暴露组与非暴露组发病率之比。发病率比的解释同发病风险比。

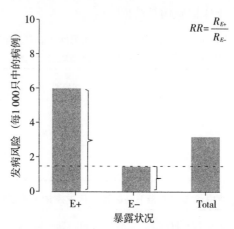

图 16：FLUTD 队列研究中风险比的解释。DCF 阳性组的发病风险为 13÷2 176＝5.97/1 000，DCF 阴性组的发病风险为 5÷3 354＝1.49/1 000。阳性组的发病风险是阴性组的 4.01 倍。

经常所用的术语**"相对风险"**就是指发病风险比或发病率比。发病风险比或发病率比的范围是 0 到∞。

4.2.3 比值比——队列研究

在队列研究中首先定义了研究对象的暴露状态（暴露、未暴露）。接下来对研究对象进行跟踪研究，确定其患病的状况（患病、未患病）。暴露组和非暴露组的患病与非患病比值计算如下：

暴露组的患病与非患病比值：$O_{E+} = a/b$

非暴露组的患病与非患病比值：$O_{E-} = c/d$

与计算风险比使用同样的方法，队列研究的比值比（odds ratio，OR）是用暴露组的患病与非患病比值（O_{E+}）除以非暴露组的患病与非患病比值（O_{E-}）：

$$OR = \frac{O_{E+}}{O_{E-}} = \frac{ad}{bc} \tag{8}$$

当病例数相对于非病例数来说很低时（如某种罕见病），a 相对于 b 较小，c 相对于 d 较小。其结果是比值比可近似等于发病风险比。

$$RR = \frac{a/(a+b)}{c/(c+d)} \approx \frac{a/b}{c/d} = \frac{ad}{bc} = OR \tag{9}$$

在 FLUTD 队列研究中，DCF＋组的 FLUTD 比值为 13÷2 163 ＝ 0.006 0，DCF－组的 FLUTD 比值为 5÷3 349 ＝ 0.001 5。DCF＋组的 FLUTD 比值为 DCF－组的 FLUTD 比值的 4.03 倍。

4.2.4　比值比——病例-对照研究

在病例-对照研究中首先定义的是研究对象的患病状态（患病、未患病）。每个研究对象都需要研究其历史信息，以及关于暴露的历史信息。与队列研究不同的是，病例-对照研究中我们讨论的是病例组与对照组的暴露比，而不是暴露组与非暴露组的发病比：

病例组的暴露与非暴露比值：$O_{D+} = a/c$

对照组的暴露与非暴露比值：$O_{D-} = b/d$

比值比是用病例组的暴露与非暴露比值（O_{D+}）除以对照组的暴露与非暴露比值（O_{D-}）：

$$OR = \frac{O_{D+}}{O_{D-}} = \frac{ad}{bc} \tag{10}$$

> 某项病例-对照研究用于研究使用 CIDR 设备对于奶牛怀孕的影响。总共有 53 头奶牛使用了 CIDR 进行诱导发情。在这 53 头奶牛中，有 23 例怀孕。另外有 124 头奶牛进行自然发情。在这 124 头奶牛中，71 头怀孕。
>
> 在病例（怀孕奶牛）中，暴露于 CIDR 设备和未暴露的比例是 $23 \div 71 = 0.32$。在对照中（未怀孕奶牛），暴露于 CIDR 设备和未暴露的比例是 $30 \div 53 = 0.57$。病例组的暴露比是对照组暴露比的 $0.32 \div 0.57 = 0.57$ 倍。

尽管我们在病例-对照研究中讨论的是暴露与非暴露的比值，但是计算出的比值比和队列研究中的比值比是相同的，只是对结果的解释是不一样的。在队列研究中，我们讨论的是暴露组的患病与非患病的比值是非暴露组的 X 倍。在病例-对照研究中，我们讨论的是病例组中暴露与非暴露的比值是对照组的 X 倍。

4.3　暴露关联效果测量

4.3.1　归因风险（率）

归因风险（attributable risk），或者归因率（attributable rate）是指暴露组中由于暴露因素作用导致疫病增加或降低的风险。归因风险（不同于发病风险比）描述的是与暴露有关的结果的绝对量值。根据前面定义的符号，归因风险（AR）计算公式为：

$$AR = R_{E+} - R_{E-} \tag{11}$$

在临床上，根据暴露组发生结果的风险是减少的还是增加的，归因风险也被称为归因风险减少（attributable risk reduction，ARR）或者归因风险增加（attributablerisk increase，ARI）。

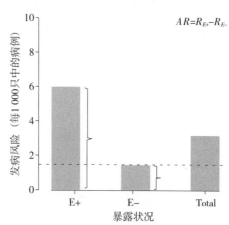

图17：与猫下泌尿道疾病队列研究相关的归因风险的解释。在猫下泌尿道疾病队列研究中，归因风险等于 DCF＋组的 FLUTD 发病风险减去 DCF－组的 FLUTD 发病风险，结果等于 4.5 例 FLUTD 每 1 000 只。在这一群体中，暴露于 DCF 导致每 1 000 只猫中增加 4.5 例 FLUTD。

在临床上，归因风险通常以**需要治疗**（number needed to treat，NNT）进行表示。NNT 是指防止 1 例不良事件发生或得到 1 例有利结果需要治疗的病例数。NNT 是归因风险的倒数。

> 一项前瞻性队列研究用于评价在肾损伤患者进行全身麻醉前给氧的作用。在给氧组中患者的死亡率是每 100 人中 3.5 例。非给氧组中患者的死亡率是每 100 人中 6.7 例。归因风险为 3.5－6.7＝－3.2 例/100 人。换句话说，给氧保护了 3.2% 的患者免于死亡。这一研究的 NNT 为－31.3，即为了阻止 1 人死亡，大约有 31 名患者需要给氧。NNT 更为直观地对归因风险（率）进行了使用，并且在向客户解释治疗可能的效果时更为有效。

> 避免将归因风险（率）作为分数，因为这样很容易被曲解。将其作为绝对值来对待，例如每 100 头的群体中有多少个病例。

4.3.2　归因比例

归因比例是指暴露群中由于暴露引起的疾病所占的比例。根据前面所定义的符号，归因分值（attributable fraction，AF）的计算公式为：

$$AF = \frac{R_{E+} - R_{E-}}{R_{E+}} = \frac{RR - 1}{RR} \qquad (12)$$

在病例-对照研究中，当疫病的发生低时，归因比例可近似计算为：

$$AF_{est} = \frac{O_{E+} - O_{E-}}{O_{E+}} = \frac{OR - 1}{OR} \qquad (13)$$

在疫苗试验中，疫苗效力是指免疫个体中因免疫该疫苗而未发病的比例（等于未免疫个体中由于没有免疫而发病的比例），即为归因比例。为调查狐狸口服狂犬病疫苗的效果而实施的病例-对照研究，48 只未免疫的狐狸在接下来的攻毒试验中有 18 只发生狂犬病，58 只免疫的狐狸在接下来的攻毒试验中有 12 只发生狂犬病。非免疫组的发病比是免疫组发病比的 2.3 倍（OR＝2.30）。在不使用疫苗的狐狸中，56％的狂犬病例是由于不免疫疫苗引起的（AF_{est}＝0.56）。

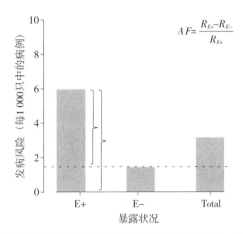

图 18：与猫下泌尿道疾病队列研究相关的归因比例的解释。在猫下泌尿道疾病队列研究中，归因分值等于暴露组中因为暴露造成的发病风险比例。DCF＋猫的 FLUTD 发病风险有 75％归因为 DCF（AF＝0.75）。

4.4　群关联效果测量

4.4.1　群归因风险（率）

群归因风险或归因率（population attributable risk, or rate）是指群体中由于暴露因素作用导致疫病发生所增加或降低的风险（率）。根据前面定义的符号，群归因风险（PAR）计算公式为：

非暴露组的发病风险：$R_{E-}=c/(c+d)$

所有动物的发病风险：$R_{total}=(a+c)/(a+b+c+d)$

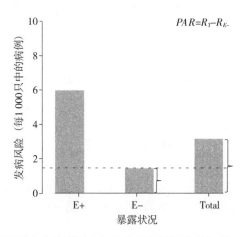

图 19：与猫下泌尿道疾病队列研究相关的群归因风险的解释。群归因风险等于总的风险减去非暴露组的风险（DCF－猫）。由于 DCF 导致猫发生 FLUTD 的风险为每 1 000 只 1.8 例。说明如果猫群不喂 DCF，可以在每 1 000 只猫中减少 1.8 个病例（PAR＝0.001 8）。

$$PAR = R_{total} - R_{E-} \tag{14}$$

避免将归因风险（率）作为分数，因为这样很容易被曲解。将其作为绝对值来对待，例如每 100 个动物中有多少个发病。

4.4.2　群归因比例

群归因比例（population attributable fraction，PAF），也就是所说的群病因分值，是指研究群体中由于暴露引起阳性的比例。根据前面所定义的符号，群归因分值的计算公式为：

非暴露组的发病风险：$R_{E-}=c/(c+d)$

总的发病风险：$R_{total}=(a+c)/(a+b+c+d)$

$$PAF=\frac{R_{total}-R_{E-}}{R_{total}} \tag{15}$$

群归因比例的含义为：在群体中其他风险因素的分布保持不变的情况下，去除暴露的作用因素，在特定时间段后群体平均疾病风险减小的比例。群归因比例在指导决策者开展公共卫生干预计划时非常有用。如果使用群归因比例来为决策者提供参考，需要确保：①该暴露因素确实与导致疾病有关；②该暴露因素可以通过干预来进行改变。

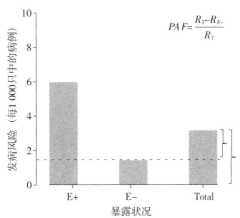

$$PAF = \frac{R_T - R_{E-}}{R_T}$$

图 20：与猫下泌尿道疾病队列研究相关的群归因分值的解释。群归因分值是指群体中由于暴露导致的风险所占的比例。猫群中 54% 的 FLUTD 是由于 DCF 造成的（PAF＝0.54）。

> 特定暴露因素的群归因比例的大小取决于两件事情：①暴露的比例；②暴露和结果之间的关联强度。这说明，尽管某个暴露因素与结果之间的关联很强，如果群体中暴露的比例很低的话，去除这一暴露因素对于群体总的发病风险的影响也会很小。

4.5　小结

表 13 强调了在 3 种主要流行病学研究设计（病例-对照研究、队列研究和横断面研究）中如何选择合适的关联效果测量方法。

表 13　对 2×2 表中各独立项的关联度测量

参　　　数	病例-对照研究	队列研究	横断面研究
关联强度测量：			
RR	否	是	是（流行率，RR）
IRR	否	是	否
OR	是	是	是（流行率，OR）
测量关联效果：			
AR	否	是	是
AF	否	是	是
AF（est）	是	是	是

（续）

参　数	病例-对照研究	队列研究	横断面研究
测量群关联效果（总效果）：			
PAR	否	是[a]	是
PAF	否	是[a]	是
PAF（est）	是	是	是

[a] 如果可通过其他资料估计种群暴露条件下的流行率或发病率。

图 21：报纸的标题强调了要警惕居住在高压线附近发生白血病的风险。
资料来源：The Dominion Post（Wellington，New Zealand）2005 年 6 月 4 日，周六。

公众通常很难理解相对误差和绝对误差。一个典型的事例是一项关于儿童白血病风险因素的研究（Draper et al，2005）的新闻报道。研究表明，出生后居住在距离高压线 200 米以内的儿童发生白血病的风险比居住在距高压线 600 米以外的儿童发生白血病的风险高 70%。尽管这一报道是正确的，但是对于科学证据的解释会被误导。实际情况是，如果通常情况下白血病的风险大概为 2 万人中有 1 例病例，发病风险增加 70% 意味着在 2 万人中的病例数为 2 例（绝对值的增加非常小）。

5 流行病学研究中的误差

本章学习目的：

● 阐述随机误差与偏倚之间的差异，以及它们对流行病学研究结果的影响

● 描述选择偏倚与错分偏倚的主要特征。举例说明什么是选择偏倚和错分偏倚。阐释在观察性研究的实施过程中怎样减弱偏倚的影响。

● 描述在主要的流行病学研究设计（如：生态学研究、横断面研究、队列研究、病例对照研究）中偏倚的来源。

● 阐释混杂与交互作用之间的区别，并举例说明。

5.1 简介

当你通过抽样，得到一个关于群体水平的预估值时，你希望这个估计值既准确又精确。**准确**（accuracy）是指以群体水平真实值为中心，得到的预估值聚集在真实值的附近；**精确**（precise）是指预估值置信区间要小。在流行病学研究中存在两种类型的错误：**偏倚**（bias）和**随机误差**（random error）（图22）。偏倚使得群体水平的预估值不准确；而随机误差使得群体水平的预估值不精确。

图22：若靶心代表群体水平的真实值，单孔代表通过抽样得到的预估值，如上图所示：左图，预估值既准确又精确（偏倚和随机误差都较小）；中图，预估值的准确性好，但精确性差（偏倚小，随机误差大）；右图：预估值的准确性低，但精确性高（偏倚大，随机误差小）。

5.2 随机误差

随机误差由偶然性产生。样本由多个随机选择的个体构成，每个随机选择的个体之间存在着细微的差异。这种差异使得样本的预估值与每个随机选择的个体的值之间存在细微的差异，而且也使得样本的预估值与目标群体的真实值之间存在细微差异。只要通过抽样的方式来度量一群体，就会存在随机误差，它是伴随着抽样的一种固有特性，不能消除，只能通过以下方式来降低：

一是，增加样本量。利用中心极限定理能够证明，当样本数量增加到原来的 4 倍，则可以使置信区间的宽度变为原来的 1/2。

二是，改进抽样程序，确保只对目标群进行抽样。例如，你有可能只对某一特定品种的奶牛感兴趣。你可以设计一个方案，确保你只从包含这一品种奶牛的农场抽样。分层抽样通过将群体分成若干单独的层来减少样本间的差异性。每一层包含的个体都是相似的，因此层内的差异性要小于层间的差异性。从单独的层获取的样本比从整个群体（不分层）抽取同样数量的样本差异性要小。

三是，采用适宜的测量方法。在某些情况下，采用比值法进行测量可能使得置信区间变窄。例如，假设你想要确定圈养的羊羔是否已经达到可以出售的体重。你可以对羔羊进行抽样，并计算样本的平均体重（和该平均体重相对应的置信区间）。如果整个羔羊群体中，羔羊间体重差异较大，且样本数量又比较少，则得到的平均体重的置信区间就比较宽（包含了目标体重值）。另一种方法，根据目标体重，将样本中的羊分成两组（例如：将这两组分别描述为高于目标体重组或低于目标体重）。接下来你就能够估测已经达到目标体重的羊羔所占的比例（以及相对应的置信区间）。这样，你就更有可能对这种比值估测产生一种较窄的置信区间，因而能够对羊羔的出售问题作出更为可靠的决策。

5.3 偏倚

偏倚是由系统误差引起的。系统误差是所使用测量技术的一种内在属性，它可以在每次研究中产生一个可以预见的、重复出现的误差。偏倚会使得研究（观察）对象的预估值与目标群体中真实值之间存在差异。（这种差异不同于由随机误差造成的差异）。偏倚可大致分为两类：**选择偏倚**（selection bias）和**错分偏倚**（misclssification bias）。部分学者认为混杂也是一种偏倚。在本书中，我们认为混杂是流行病学研究中不同于随机误差与偏倚的另外一种独立的错误来源。

5.3.1　选择偏倚

当研究者习惯性地选择某些已包含在研究中的研究单元时就会造成选择性偏倚。如果研究对象的测量方法在研究参与方和未参与方之间存在不同的话，就会产生选择偏倚。选择性偏倚包含以下几种类型：

● 监测偏倚（surveillance bias）：如果一个疾病没有临床症状或者症状很轻微，这种病更可能在频繁的医学监测中发现。

● 转诊偏倚（refferral bias）：在基于医院的病例—对照研究中，病人之间不同的转诊情况就是偏倚的一种来源。

● 无应答偏倚（non-response）：没有应答或者拒绝参与某研究。

● 留院长短偏倚（length of stay bias）：对基于医院的病例-对照研究来说，病例与对照应该根据研究设计在理想状态下选择，也就是说应该对满足抽样条件的个体（即发病病例）进行抽样，而不是从医院挂号病人中抽样（即表观流行病例）。

● 幸存偏倚（surival bias）：使用胰岛素能延长糖尿病病人的寿命，这就使得糖尿病的流行率明显升高。

当我们用观察性研究来调查暴露与疾病之间的关联时，选择性偏倚就是一个不得不引起重视的问题。此外，在描述性研究中（例如，描述在一个指定群体中某病的频率），当从目标群体中抽出来的研究群不具有代表性时，也能将这种情况称为选择性偏倚。当抽样框对于目标群体的代表性较差，且（或者）当应答率和（或者）退出率高的时候，就容易出现这种情况。需要注意的是，描述性研究的目的在于估计疾病的频率，而不是调查暴露与疾病之间的联系。因此，选择性偏倚会使得疾病频率的预估值与目标群体真实值之间存在差异。选择偏倚不能通过分析方法来消除（控制）。

以下事项能避免出现选择偏倚：

● 确保研究参与者是从符合要求的群体中随机选择的。随机选择并不能保证研究群体在符合要求的群体中具有代表性，但是能对研究群体与符合要求的群体之间差异的可能性进行度量。当抽样量很小时，两个群体之间出现较大差别的可能性非常高。

● 确保在研究群体中的应答率要高。

● 确保在研究群体中的退出率要低。

● 在观察性研究中，仔细考虑那些"促使"个体被选中的原因。

5.3.2　错分偏倚

错分偏倚，也叫信息（information）偏倚，是由记录研究参与者信息中存在的错误造成。错误分类偏倚包含以下几种类型：

- 回忆偏倚（recall bias）：病例通常在回忆过往暴露事件时要更优于非病例。
- 采访者偏倚（interview bias）：在调查过程中，当采访者对假设已知时，采访者偏倚是一个潜在的问题。
- 说谎偏倚（prevarification bias）：研究中的主体可能存在不可告人的目的，而故意过分强调暴露于某一假设的原因。
- 不恰当的分析偏倚（improper analysis bias）：如果已匹配了的病例组和对照组会随着所研究暴露的变化而变化的话，在进行分析时若忽略这种匹配的话，会使得某一疾病暴露因素的比值比（OR）偏倚性地趋于统一。
- 观察者期望偏倚（obsquiouness bias，也称为 Clever Hans 效应）：研究对象会系统性地将它们的应答转向调查人员所期望的方向。Clever Hans 是一匹受过训练的马，从表面上来看这匹马能做简单的算术，计算结果等于多少，它就会踏几次马蹄。这匹马的算术能力其实是源自它的训练员所给的非文字性的线索，以便帮助它判断是否该停止踏蹄。

错分偏倚可以是**有差别的**（differential）也可以是**无差别的**（non-differential）。在无差别的错误分类中，一个系统上的错误（例如：暴露）不会影响到另一个系统（例如：结果）。无差别的错误分类会使得对关联观察测量的结果趋于无效。当测量方法错误并且导致了错误分类的发生，在一个组的程度大于另一组的程度，这时的错误分类偏倚叫做有差别的。有差别的错误分类的影响是很难预测的，除非你能知道发生多大的偏倚、在什么地方发生的偏倚，否则无法估计这种影响的大小或趋势（例如：不知道这种偏倚使得对关联的测量是趋于有关还是无关）。

需注意的是，上述讨论仅适用于群体中个体暴露与结果的研究。在生态学研究中（生态学研究是通过不同人群中个体的风险与结果之间的相关关联来预估某一暴露的效应），暴露的无差别的错误分类实际上会使得暴露对疾病风险的影响预估偏大。可参考 Brenner et al（1992）对这一问题的进一步讨论。

错误分类偏倚也是不能通过分析方法来消除（控制）的。以下事项能避免出现错误分类偏倚：

- 确保暴露和疾病状况是独立评估的——比如，在不了解疾病的情况下对暴露进行评估。
- 用缜密的生物学方法来确定疾病与暴露的存在。

● 使用的信息要完整和详细（即：完整的暴露史）。

● 用客观的测量方法对变量进行测量（例如：牲畜屠宰前的活重、羊毛的重量、奶产量记录、妊娠测试结果、实验室测量方法）。

5.4 混杂

表 14 所示为 1986 年美洲北部和中部的 6 个国家人口死亡率。有一个很明显的趋势就是：相对而言，几个美洲中部国家的死亡率低，而北美洲的几个国家如加拿大、美国的死亡率高。这里面就有存在一个问题：居住在美洲中部的人群，一定有什么特殊的原因使得他们从总体上看死亡风险要低。这个问题的答案并不特殊，只是因为各个国家人口的年龄分布不同使得死亡率出现了显著的差异。总的来说美洲中部的几个国家的人口比美国和加拿大的人口要年轻，所以它们的死亡率总体来说要低。

表 14 1986 年中美洲和北美洲 6 国家的死亡率

国　　家	死亡率[a]
哥斯达黎加	4.0
委内瑞拉	4.4
墨西哥	4.9
古　巴	6.7
加拿大	7.3
美　国	8.0

[a] 死亡率［死亡数/（1 000 人·年）］。

在这个例子里，年龄因素是国家和死亡率之间的混杂因素，也就是说每个国家的人口年龄结构影响了国家与死亡率之间的真实关系。

> 混杂（confouding）指的是由于第三方因素的影响扭曲了的暴露与结果之间的真实关联。

让我们对上面的数据做更深入的调查，以便能更好地了解混杂是如何作用的。设想我们从美国和哥斯达黎加得到详细数据，以便能对计算每个国家年轻人和老年人的死亡率（人为以 50 岁为界限划分年轻人和老年人），数据见表 15。

表15　以年龄组进行分层的美国和哥斯达黎加的死亡率

年龄组	美　国			哥斯达黎加		
	死亡数	人数	死亡率[a]	死亡数	人数	死亡率[a]
年轻组	1	1 000	1	20	10 000	2
老年组	90	10 000	9	20	1 000	20
合计	91	11 000	8	40	11 000	4

[a]死亡率［死亡数/（1 000人·年）］。

　　表15中的内容很有意思，当用年龄组来对死亡率进行分层的时候，美国的死亡率低于哥斯达黎加。在美国，年轻人群中每1 000个人有1个人死亡，在哥斯达黎加每1 000个人有2人死亡；对于老年组，美国的死亡率是每1 000人有9人死亡，哥斯达黎加的是每1 000人有20人死亡。令人感到困惑的是，当我们把年轻组和老年组合在一起进行计算的时候，结果是与用年龄分层时截然相反的，即与哥斯达黎加相比［4人/（1 000人·年）］，美国的死亡率要更高［8人/（1 000人·年）］。真实的情况被扭曲是因为两个国家人口种群的年龄结构存在着巨大的差异——在哥斯达黎加人口中占主导地位的是年轻人，而在美国占主导地位则是老年人。在这个例子中年龄就是一个很典型的混杂——年龄扭曲了不同国家与死亡率之间的真实关系。

　　以上是对混杂下了一个概念性的定义。在流行病学研究中，对一个给定的变量是否为混杂需要反复慎重地考虑。图23能帮助我们更好地理解暴露、结果和混杂三者之间的关系，下面的标准能够帮助进行判断：

　　①混杂与结果必须是因果关系；并且

　　②混杂与暴露既可以是因果关系也可以是非因果关系；并且

　　③混杂与暴露必须分别通过两条分开的因果路径到达同一个结果。

图23：暴露、结果和混杂的关系示意图。单向箭头代表因果关系，双向箭头代表非因果关系。

　　　　我们想弄明白吸烟与喉癌之间的关系。而饮酒可能会是吸烟与喉癌之间的一个混杂因素（即我们担心很多吸烟的人也饮酒）。让我们来运用以下三个标准来进行判断：

　　√饮酒是导致喉癌的一个原因吗？是。

　　√饮酒伴随着吸烟吗？是，两种活动常常会伴随发生，但是出现其中一种行为（例如吸烟）并不意味着会导致我们出现另一种行为（例如饮酒）。

　　√饮酒和喉癌之间的关系与吸烟和喉癌之间的关系是两条分开的因果路径吗？是。香烟是通过致癌物的作用引发喉癌的；酒精是通过对喉黏膜的物理刺激作用引发喉癌。

　　因此，我能做出以下结论：饮酒很可能是吸烟导致喉癌这段关系中的一个混杂因素。

　　将图 23 中连接暴露、结果和混杂三者之间的箭头想象成水管。箭头的方向（箭头方向代表一个变量与另一个变量之间的关系）想象成水流的方向，因素间关联的强度想象成沿着管路的水压。我们关心的是水管里的水压是否连接着暴露与结果（即暴露与结果之间的关联强度）。当没有混杂的时候，水能直接从暴露流到结果（在给定水压的作用下）。当有混杂存在的情况下，水可以通过两种途径流到结果：一直是直接从暴露流到结果；另一种是从暴露经混杂再到结果。在这种情况下，混杂的出现改变了暴露与结果之间的关联强度（改变了连接暴露与结果之间水管之间的水压）。

　　一旦我们已经确定一个变量很可能是混杂因素的时候，我们需要考虑这个混杂因素的作用方向。混杂因素的出现使得已观察到的关系是增强还是减弱？回答这个问题，需要按照下面的 4 个步骤。

　　步骤 1：建立一个 2×2 表格，两行是暴露水平，两列是疾病状态。图 24 展示的是 2×2 表格的结构，用于评估吸烟与喉癌之间的关系。

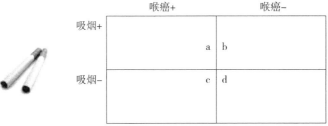

图 24：吸烟（行）作为暴露，喉癌（列）作为结果的 2×2 表格。

步骤2：想一想混杂在暴露的每个水平上的影响。在这个例子里，我们试问这样的一个问题：哪种人群更喜欢喝酒？——吸烟者还是非吸烟者？答案是：饮酒很可能是与吸烟成正相关。在你的2×2表格中标注出该影响，见图25。

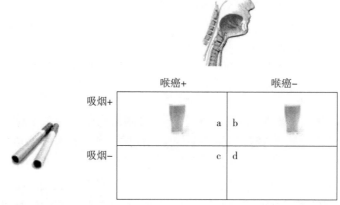

图25：吸烟与喉癌之间关系的2×2表格，并且标示出了饮酒可能对吸烟造成的影响。

步骤3：想一想混杂在结果的每个水平上的影响。饮酒与喉癌可能是成正比还是成反比？答案是：饮酒很可能与喉癌成正比。再次在你的2×2表格中标注出该影响，见图26。

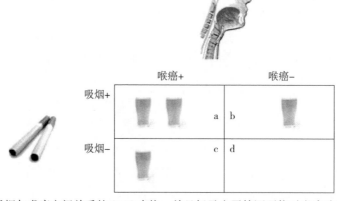

图26：吸烟与喉癌之间关系的2×2表格，并且标示出了饮酒可能对喉癌造成的影响。

步骤4：解释结果。饮酒与吸烟成正比，因此我们能预计2×2表格中的暴露阳性格子里（a和b）的研究对象被过度代表了。饮酒与喉癌成正比，因此我们能预计2×2表格中结果阳性格子里（a和c）的研究对象被过度代表了。基于以上的判断，格子里数值会被夸大。这就意味着，吸烟者中喉癌患者的比例会升高，进而使得暴露-结果的关系得到了加强。

现在我们能做出以下结论，饮酒作为混杂因素作用于吸烟与喉癌之间的关系，使两者之间的关系更强。

5.5　交互

因为第三变量（混杂因素）的出现使得对关联的总体测量被歪曲，这种情况被称为混杂。交互（interaction）——通常也被称为效应修正，是由于第二个暴露因素的改变，使得原有暴露与给定结果之间的关系随之发生变化，这种情况称为交互。

交互举例：
● 饮酒和服用镇静剂。如果我们同时饮酒和服用镇静剂，那么对认知能力的影响比单独服用镇静剂和酒精的效果之和要强。
● 盐摄入量与中风的关系在男性与女性中不同。盐摄入量高的女性中风的风险只比其他女性略高，但盐摄入量高的男性比其他男性中风的风险显著增高。

交互有两种类型：正交互（协同作用）和负交互（拮抗作用）。正交互是指两种因素结合在一起的效果，强于它们单独的效果之和。负交互是指两种因素结合在一起的效果，弱于它们单独的效果之和。图 27 展示的就是上述的这种理想状态的示意图。

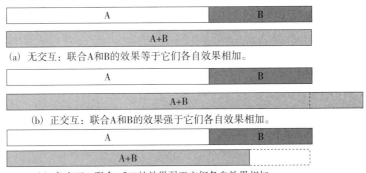

(a) 无交互：联合A和B的效果等于它们各自效果相加。

(b) 正交互：联合A和B的效果强于它们各自效果相加。

(c) 负交互：联合A和B的效果弱于它们各自效果相加。

图 27：无、正、负交互的概念示意图。

我们通过一个完整的例子来加深对交互作用的理解。产乳热（也叫产后瘫痪，是由产后低血钙引起的）是奶牛不孕的一个风险因素。我们想知道与年轻的奶牛相比，这种关联是不是在年老的奶牛中更强，也就是说产乳热与不孕之间的关系是否与年龄有交互作用？相关数据请见表16。

表 16　在奶牛中产乳热是不孕的风险因素，用年龄来分层。无相加交互作用

年龄	产乳热	发病风险（%）	AR（%）
青年	无	10	
青年	有	20	10
老年	无	20	
老年	有	30	10

在表 16 中，无论是青年组还是老年组，由于产乳热的出现使得不孕的发病风险增加了 10%。与产乳热（暴露）相关的归因风险没有因为年龄的不同而发生改变，因此我们能得出这样一个结论：没有相加交互作用：对于不同年龄组，它们的归因风险都是一样的。现在我们再来看另一组数据，见表 17。

表 17　在奶牛中产乳热是不孕的风险因素之一，用年龄来分层。有相加交互作用

年龄	产乳热	发病风险（%）	AR（%）
青年	无	5	
青年	有	10	5
老年	无	10	
老年	有	30	20

表 17 中，与产乳热相关的归因风险因年龄的不同而出现了不同，因此我们能得出这样一个结论：存在相加交互作用。在图 28 中展示了交互的这种作用。

表 17 中的数据给出了一个相加交互作用的例子。我们现在考虑相乘交互。

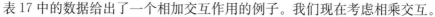
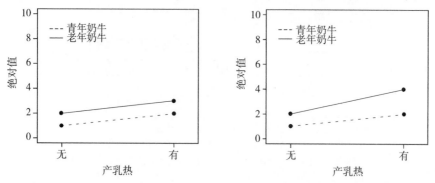

图 28：相加交互。上面的图以表 16 和表 17 中的数据为基础。左侧的图显示的是无相加交互的情况（表 16）：每个年龄组的归因风险都是相同的。右侧的图显示的是有相加交互的情况（表 17）：在老年奶牛中的归因风险（20%）比青年奶牛中的（10%）要高。

表 18 中给出了假设数据，这些数据展示的是产乳热与不孕在两个不同年龄组的关系。这次，不用表示关联强度的归因风险（AR），而是使用发病风险比来表示。

表 18　在奶牛中产乳热是不孕的一个风险因素，用年龄来分层。无相乘交互

年龄	产乳热	发病风险	发病风险比
青年	无	10%	
青年	有	20%	2.0
老年	无	20%	
老年	有	40%	2.0

因为产乳热与不孕的发病风险比没有因年龄不同而不同，所以我们说没有相乘交互。表 19 展示的是如果存在相乘交互，数据应该是什么样的。在青年奶牛组中，由于发生了产乳热，奶牛出现不孕的风险增加到了 2 倍。在老年奶牛组中，由于发生了产乳热，出现不孕的风险增加到了 3 倍。表 18 和表 19 中数据的交互示意图在图 29 中展示。需要注意的是，图 29 中纵坐标上的每个点是取的对数。

表 19　在奶牛中产乳热是不孕的一个风险因素，用年龄来分层。有相乘交互

年龄	产乳热	发病风险	发病风险比
青年	无	10%	
青年	有	20%	2.0
老年	无	20%	
老年	有	60%	3.0

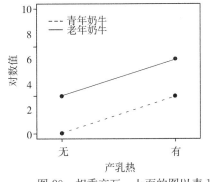 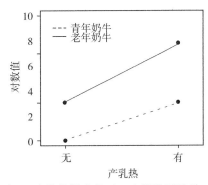

图 29：相乘交互。上面的图以表 18 和表 19 中的数据为基础。左侧的图显示的是无相乘交互的情况：每个年龄组的发病风险比都是相同的。右侧的图显示的是有相乘交互的情况：在老年奶牛中的发病风险比（3.0）比青年奶牛中的（2.0）要高。注意纵坐标是取的对数。

另外一种判断是否有交互的标准是，对联合以后观察到的结果和预期的结果进行比较。在表 20 中，我们使用了与表 16 相同的数据，可以发现针对每一层的归因风险比参考组（年轻的奶牛组中没有发生产乳热的）的归因风险低。这一步做完以后，我们再来计算联合以后观察到的和预期的归因风险。

表 20　在奶牛中产乳热是不孕的风险因素，年龄的交互作用。比较联合以后观察到的和预期的归因风险——无相加交互

年龄	产乳热	发病风险	归因风险	表观归因风险
青年	无	10%		/
青年	有	20%	10%	10%
老年	无	20%		10%
老年	有	30%	10%	20%

联合以后观察到的归因风险：Obs $AR_{[Age+MF+]}$ ＝（30%－10%）＝20%；联合以后预期的归因风险：Obs $AR_{[Age-MF+]}$ ＋ Obs $AR_{[Age+MF-]}$ ＝（20%－10%）＋（20%－10%）＝20%。

通过加上了个体的归因风险，使联合以后预期的归因风险与观察到的归因风险是一样的。因此我们能得出结论：无相加交互。在表 21 中我们使用了我们使用了与表 17 相同的数据，通过分析得出，存在相加交互。

表 21　在奶牛中产乳热是不孕的风险因素，年龄的交互作用。比较联合以后观察到的和预期的归因风险——有相加交互

年龄	产乳热	发病风险	归因风险	表观归因风险
青年	无	5%		/
青年	有	10%	5%	5%
老年	无	10%		5%
老年	有	30%	20%	25%

联合以后观察到的归因风险：Obs $AR_{[Age+MF+]}$ ＝30%－5%＝25%；联合以后预期的归因风险：Obs $AR_{[Age-MF+]}$ ＋Obs $AR_{[Age+MF-]}$ ＝（10%－5%）＋（10%－5%）＝10%。

为什么区别相加交互和相乘交互如此重要？因为多数的回归分析技术（如 logistic 回归方法）来控制混杂的方法都假设存在的交互是相乘交互，而实际上，生物学中的绝大多数交互是加性交互。

为了在多元变量模型中能对相加交互进行恰当的评估，我们将问题中的两个暴露重新定义为一个单一复合暴露，并把该复合暴露作为一个整体代入模型。对于由两个变量组合成的暴露，它的组合变化有以下四种：A－B－，A＋B－，A－B＋，A＋B＋。把 A－B－作为参照组，模型会得到其他三组相关效果的预测值。这种方法可直接对相加交互进行评估，而无需用回归方法对相乘交互进行处理。关于相加和相乘交互，Rothman（2002，pp 168-180）和 Greenland（2009）有了非常好的论述。Knol（2007）等人发表了一篇很好的关于 logistic 回归模型中相加交互的技术性文章。

5.6 处理混杂和交互

混杂和交互是两种不同的现象，需要用不同策略来判断是否出现了这两种现象，以及用不同的策略来处理数据中的混杂和交互。例如，当你怀疑某暴露—结果关系中的一个给定变量是混杂或者交互时，用该变量对数据进行分层，以便计算每层的关系。如果层间关系的计算结果差异显著，则可以得出结论——有交互，然后对每层进行暴露与结果的关系的分析。如果层间的差异不显著，则认为不存在交互，这时我们需要考虑是否存在混杂。第一步，当要确定一个变量是否为混杂因素时，需要用以下三个标准来衡量：①该变量与结果是否存在因果关系？②该变量与暴露是否存在因果关系？③该变量与暴露是否通过两条分开独立的因果路径到达结果的？最后一步是一些定量标准去衡量该混杂在调查的过程中对暴露—结果关系的影响是可测的。由于混杂因素的存在，我们要对计算得到关联强度测量的值进行修正〔例如：Mantel-Haenszel 发病风险比（RR）〕，然后将修正后的值与原来的值进行比较。一条经验法则是：当修正后的值与原来的值之间存在 $10\%\sim15\%$ 的相对差时，就可以认为存在混杂，并且需要我们在进行分析时对该混杂进行修正。

如果一共分了 i 层，每层研究对象的数量为 T_i，原始 OR 值的计算用公式 16。

$$OR_{crude} = \frac{\sum_i a_i \sum_i d_i}{\sum_i b_i \sum_i c_i} \tag{16}$$

Mantel-Haenszel 修正后的 OR 值计算用公式 17。

$$OR_{M-H} = \frac{\sum_i \dfrac{a_i d_i}{T_i}}{\sum_i \dfrac{b_i c_i}{T_i}} \tag{17}$$

在这里给出 Mantel-Haenszel 的 OR 值修正公式，只是让大家对修正的过程有个初步的了解。对于关联强度测量的修正公式可在很多标准的流行病学文献中查到。Elwood（2007）对上述方法给出了一个易懂的、清晰的描述。图 30 是区分数据组中的混杂与交互方法的示意图。

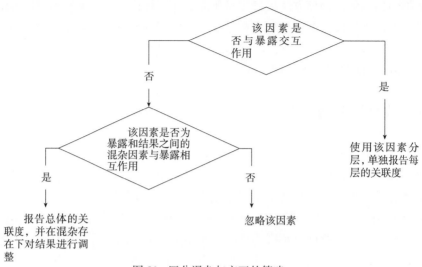

图 30：区分混杂与交互的策略。

> 混杂因素是一个外来的因素，全部或部分影响了某一风险因素与疾病之间的真实关联。交互，不同混杂，是出现在当暴露对结果的影响取决于是否存在第三因素时。
>
> 交互会导致层间的关联强度测量值不同。正是由于层级的关联强度测量值发生变化，所以总的关联强度测量值并不准确。
>
> 混杂会导致层间的关联强度测量值相同，并且使得总的关联强度测量值（修正后的）与原值（未修正的）不同。

5.6.1 处理混杂的方法

5.6.1.1 限制（restriction）

在对女性生育小孩的数量与被诊断为乳腺癌之间的关系的研究中，年龄为混杂因素。为了消除年龄的混杂作用，只能从研究群体中选择某一特定年龄段的女性作为研究对象。我们可以从队列研究或者病例对照研究中任选其一。限制是一种非常有效的方法，它没有给混杂留一丝机会，但它也有着很明显的劣势，就是只能具体到一个特定的年龄组，而不能将该研究结果推广到整体目标群体。

5.6.1.2 随机（randomization）

随机的原则就是，由所有的研究参与者组成一个"池子"，研究对象随机地从"池子"里被分配到暴露组和非暴露组。随机的定义是：研究中每个个体都有相同的机会被分配到某个特定的组中，并且一个个体被分配到一个组不会影响个体的分配。随机的优势在于能够得到的样本量较大，即使遇到没有提前预计到的、未设计好的或测量好的变量，所得到的样本之间也比较近似。

随机化是前瞻性干预研究中应对混杂的一种可选用的方法，用来研究符合道德、可操作并且可接受的干预措施，这些措施被认为是有益的、不太会造成伤害的。随机不能用于回顾性研究。

5.6.1.3　分层 (stratification)

修正单一混杂最好的方式就是在混杂因素层内来调查暴露和结果之间的关系。在混杂因素的每一层中，就不会存在混杂，因为暴露组和非暴露组的研究对象对于混杂因素的暴露都是相同的。如果暴露和结果的关系在混杂因素的每一层中都是一样的，就可以用统计学的方法来对各层的效果进行联合分析，从而给出根据混杂因素进行调整后的估计值。

5.6.1.4　匹配 (maching)

给每一个暴露的研究对象匹配一个处于相同混杂中的非暴露研究对象，能降低选择偏倚。例如，在假设的吸烟与心脏病的研究中，可以根据性别将吸烟者和非吸烟者进行匹配。当一位男性吸烟者被招募进入研究时，他匹配的对象是一个不吸烟的男性。当一位女性吸烟者被招募时，她的匹配对象是一个不吸烟的女性。这样就能使得吸烟和不吸烟人中男女的比例是一致的。

只有在了解被招募研究对象的暴露史的基础上，才能对暴露对象和非暴露对象进行匹配匹配。在病例对照研究中，研究对象是根据结果（出现或不出现某一结果）来进行招募的，所以无法对研究对象进行匹配。因此，在吸烟与冠心病的病例对照研究中，有心脏病的人能通过性别匹配到没有心脏病的人。在这种情况下会使得病例和对照的男女性别比相同，但不能使得吸烟和非吸烟者中的性别比例相同。在队列研究中，匹配是控制混杂的一个非常好的设计策略。然而，同样是为了控制混杂，匹配在病例—对照研究中就不那么合适。

在病例-对照研究中使用匹配是为了增加研究的统计学强度。如果在病例-对照研究中进行了匹配以增加统计学强度，那么在数据分析的时候必须要把匹配考虑进去，否则会将偏倚带入到研究中。

5.6.1.5　多因素分析 (multivariate methods)

对于单一混杂来说，分层是一种非常有效的控制方法。对于控制多重混杂来说，就得使用多因素分析法（统计学模型）。用多因素模型来控制混杂的劣势之一在于调查者与用计算机进行数据分析具有距离感；但是分层可以使得分析者对数据有更好的"感觉"，应始终优先使用分层来控制混杂。

5.6.2　实例

Siscovick 等（1984）开展了一项病例-对照研究，以评价原发性心脏骤停和习惯性剧烈运动之间的关系，数据见表22。我们想知道：①对于原发性心脏骤停来说，吸烟和习惯性剧烈运动之间是否存在交互；②吸烟是否是原发性心脏骤停和习惯性剧烈运动之间的混杂因素；

第一步，检查是否有交互作用。

表22　评估原发性心脏骤停和习惯性剧烈运动之间关系的病例-
对照研究结果（Siscovick et al，1984）

非吸烟者	发病数	未发病数	总计
无习惯性剧烈运动	36	24	60
有习惯性剧烈运动	32	70	102
总计	68	94	162

吸烟者	发病数	未发病数	总计
无习惯性剧烈运动	40	17	57
有习惯性剧烈运动	25	22	47
总计	65	39	104

对于非吸烟者，无习惯性运动的发病的 Odds 是有习惯性性运动的 3.28 倍（95% CI 1.69～6.38）。对于吸烟者，无习惯性运动发病的 Odds 是有习惯性剧烈运动的 2.07 倍（95% CI 0.92～4.64）。在吸烟、运动和原发性心脏骤停风险之间存在增效性（协同性）交互（图31）。

尽管已经有证据表明交互的存在，我们仍需要用卡方同质性检验来验证一个假设——在层水平的 OR 值是一样的。同质性检验是指数据与自由度为 $n-1$ 的卡方分布

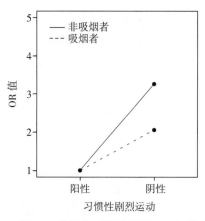

图31：吸烟和习惯性剧烈运动间的交互对原发性心脏骤停风险的影响。

进行比较（n 为所分层数）。分层后的 OR 值同质性检验的卡方值为1.03。因为分了2层，所以比较的自由度为1，P 值为0.31。我们接受无效假设，并得出结论：层特定的 OR 值是一致的（即，没有显著的交互）。

接下来，我们用这一章刚开始提到的那三条评判标准来判断，吸烟是否为习惯性剧烈运动和原发性心脏骤停之间关系的混杂因素。

√ **吸烟与原发性心脏骤停有因果关系吗？**

	发病数	未发病数	总计
吸烟者	65	39	104
非吸烟者	68	194	262
总计	133	133	366

吸烟者中发病的 Odds 是非吸烟者中的 4.75 倍（95％ CI 2.93～7.71）。我们现在证明了吸烟与心脏骤停有关。查阅相关的文献，也支持两者间存在因果关系

√ **吸烟与习惯性运动有因果关系吗？**

	运动	非运动	总计
吸烟者	47	57	104
非吸烟者	102	60	162
总计	149	117	266

吸烟者中进行习惯性运动的 Odds 是非吸烟者中的 0.49 倍（95％ CI 0.29～0.80）。我们能合理的得到这样的一个结论：吸烟与（缺乏）习惯性运动间无因果关系。

√ **习惯性运动与心脏骤停，和吸烟与心脏骤停是两条独立的因果路径？**

缺乏习惯性运动与吸烟会增加心脏骤停的风险是通过两条独立的生理学机制来进行的。我们能合理假设：它们是两条独立因果路径。

√ **习惯性运动与原发性心脏骤停间的关系会因为吸烟的出现而发生改变吗？**

无习惯性运动发病的原始 Odds 是有习惯性运动发病的 2.99 倍（95％ CI 1.81～4.95）。Mantel-Haenszel 修正后的 OR 是 2.72（95％ CI 1.46～5.06）。原始 OR 值与修正 OR 值之间的比为 2.99÷2.72＝1.10。我们能得到这样的结论：吸烟是习惯性剧烈运动与原发性心脏骤停风险之间的混杂因素（用原始 OR 值与修正 OR 值之间有 10％～15％的相对差，作为是否为混杂因素的客观指示器）。

6 病因

本章学习目的:
- 能清楚阐释流行病学研究中关联和病因的区别。
- 能对组分病因,充分病因和必要病因下定义。
- 列出并简单解释针对病因的 Hill 准则。

6.1 简介

流行病学研究的一个最基本目的就是通过研究由特定特征个体组成的群体中病例的分布来找出疾病的发生原因,例如不同程度地暴露于某种物质(例如:暴露于某种药品或者化学物质)。通过锁定那些可能对疾病发生起决定影响的风险因素,让我们知道疾病发生的原因以便提出防控策略。

要使用提到的方法,我们首先必须得认识到**关联**和**病因**之间的区别。关联是定量地测量暴露于结果之间关系的强弱。病因,从另一方面来说,是多种暴露组合的出现,是由单一原因或者多原因按照正确的排列和时间出现在个体的生命中,从而不可避免地导致了某种结果(例如出现临床疾病)。

在 20 世纪 80 年代做过一项研究,奶牛场员工在给奶牛挤奶时穿短裤和系围裙似乎与奶牛患钩端螺旋体病有关。这些发现引出了一个问题:是短裤和塑胶围裙引发了钩端螺旋体病,还是它们与钩端螺旋体的出现有联系?显然,短裤和围裙只是与钩端螺旋体的出现有联系。在这个例子中,短裤和围裙只是其他真正致病因素的指示,比如群体规模。

参考文献:Mackintosh C, Schollum L, Harris R, Blackmore D, Willis A, Cook N, Stoke J (1980). Epidemiology of leptospirosis in dairy farm workers in the Manawatu. Part 1: A cross-sectional serological survey and associated occupational factors. New Zealand Veterinary Journal 28: 245-250.

当出现一种新发疾病时,流行病学研究往往是从病例报告和病例跟踪入手,以描述发病情况并提供疾病可反复发生的证据。接下来的描述性研究还包含根据个体、时间、空间的情况对疾病分布进行的描述。描述性研究非常有用,因为它能提供很多与疾病有关或者导致疾病发生的因素的假设。分析性研究(例如横断面研究、队列研究、病例-对照研究)为验证从描述性研究中得到的假设提供了方法。

因为流行病学是一门以观察(非实验性)占主导地位的学科,是在非控制的状态下收集的数据,因此我们要时刻注意偏倚、混杂以及误差,这些都可能使得我们的结果偏离于真实的关联。如果我们意识到了这些问题,在后期的数据分析时要对它们进行处理。一旦我们确信找到正确的关联后(例如我们确信没有出现偏倚、混杂、误差),就会转向确定找出的风险因素和疾病之间的关系是否为因果关系。图 32 为这个过程的流程图。

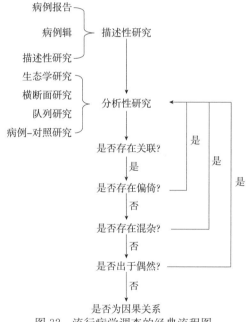

图 32:流行病学调查的经典流程图。

确定关联的过程主要是一个定量的过程,而确定因果关系是主观和以判断为基础的。多年来,一些学者(例如:Koch,Evans 和 Hill)确定了一些评判标准,来帮助我们确定观察到的关联是否为因果关系。

6.2　病因的类型

病因有以下几个特征:①病因发生于结果之前;②病因可以是环境因素或

者是与宿主有关的因素（例如：特征、条件、个体的行为、事件、自然的、社会的或者是经济学的现象）；③病因可以是正向的（出现了一个暴露）或者反向的（减少了一个暴露，比如接种疫苗）。

最关键的是一个或多个病因是我们关注的众多疾病结果的决定性因素。从一方面来说，我们会遇到诸如像炭疽这样的情况，它只有一个病因（暴露于炭疽杆菌）。对于其他疾病而言，例如奶牛的跛行就是多病因造成的（例如：糟糕的蹄部状况、受伤、年龄）。将致病因素看做是一小块馅饼来定义病因是最简单的方法。当我们有足够多的具有因果关系的因素组成一个整体时，疾病就发生了。对于某些疾病（特别是对于感染性情况），暴露于感染性病原时就会引发疾病：在这种情况下，即使只有一小块馅饼也能发病。对于其他的疾病来说，有许多原因使得有些暴露个体没有发病，而有些暴露个体发病了。在这种情况下，馅饼就是由很多块组成的了。当我们谈论病因的时候会涉及以下内容：

● 组分病因（component causes，指部分病因，不是指所有的病因）是发生疾病的条件（是馅饼中的一块）。像高胆固醇、吸烟、缺乏锻炼、遗传、出现并发症等这些都是冠心病的组分病因（指部分病因）。

● 充分病因（sufficient causes），是指所有情况的集合，只要缺少了其中任何一样，疾病就不会发生（是整个馅饼）。充分病因通常情况不会是单一的病因而是由很多病因构成的。一系列充分病因的累加就等同于疾病的发生（虽然没有进行诊断）。

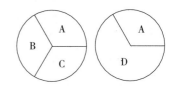

图33：上图为充分病因复合体示意图。左边的图有3个组分病因，右边的图有2个组分病因。A、B、C和D为组分病因，A为必要病因。

● 必要病因（necessary causes）是只有在必要病因存在的情况下，疾病才会发生（最关键的那个馅饼）。如果把鸡肉沙拉视为沙门氏菌食物源性疾病暴发的充分病因，那么沙门氏菌就是腹泻的必要病因。

结核分枝杆菌是结核病的必要病因，但不是充分病因，因为很多动物可能会有肺结核病灶但是没有发展成为结核病。

吸烟（吸食烟草）是肺癌的充分病因，但是非吸烟者暴露于氡或者某些职业会接触到的化学物质也会引起肺癌。

人的冠心病没有必要病因。当部分或所有的组分病因在个体水平上一起发生时，通过累积或者交互作用，导致疾病的发生。

6.3 病因标准

6.3.1 Koch's 假设

Koch（1884）是第一个提出了鉴定传染性病因操作程序的人。通过下列给出的标准（Koch's 假设）来判断一个病原是否为疾病的病因：

1. 病原是否出现在每一个病例中。

2. 病原能从受感染个体中分离得到，并能进行纯化培养。

3. 病原接种到易感动物后会导致动物发病，并且能从接种发病动物中再次分离鉴定到该病原。

6.3.2 Evan's 准则

在 19 世纪后期，Koch's 假设在一定程度上为传染性疾病的研究提供了方法。但是 Koch's 假设中的一个病原对应一种疾病的表述在遇到如下情况时，比如多病因疾病、单一病因的多重效应、携带者状态和非病原因素（例如：年龄和性别），就受到很大的限制。以 1856 年 John Stuart Mill 提出的归纳推理为基础，Evan 提出了统一的病因概念，并且在现代流行病学中被广泛运用到因果关系的确认中。Evan's 准则（埃文准则）包含以下内容：

①暴露于假定病因的群体中，发病个体比例应该比未暴露群体中的发病个体比例高。

②病例中暴露于假定病因应该比未发病的更常见。

③在前瞻性研究中，暴露于假定病因组的新增病例应该比非暴露组的多。

④从时间上来讲，疾病应该发生在暴露于假定病因之后。

⑤对宿主的反应应该有一个可度量的生物学范围。

⑥疾病应该能通过实验复制出来。

⑦阻止或者降低宿主反应应该能减缓或抑制疾病的表现。

⑧消除假定病因能降低发病率。

6.3.3 Hill's 准则

Bradford Hill（1965）对 Evan's 准则进行了改良，并将改良后的准则运用到了鉴定吸烟是否为肺癌的一个病因的研究中。Hill's 准则包含以下内容：

①关联强度。

②一致性。

③时间性。

④剂量反应关系。

⑤合理性和连贯性。

⑥实验证据。

⑦特异性。

⑧类比。

Hill 想建立一套指导方针，用于判断关联是否为因果关系，并特别指出：我的观点中没有一条观点是不可争辩的，也没有一条能被认为是必要条件或要素。

6.3.3.1 关联强度 (strength of association)

准则的第一条就是关联强度，通过比较暴露个体的发病风险（或者 Odds）与非暴露个体的发病风险（或者 Odds）得到其关联强度。如果关联很强，就不太可能是由偏倚或者混杂造成的。一般情况下，当发病风险比（RR）超过 4 或者 5 就认为是很强的关联。关联"弱"通常是在流行病学的观察性研究中用来描述发病风险比（RR）低于 2.0 的情况。因为这种强度的联系很可能由于偏倚和（或者）混杂造成的。显然，当相对风险为 1.4 时关联就不弱了，因为它是指在暴露组中的风险高了 40%，并且如果是常见暴露，上述相对风险被运用到群体中时便具有显著的统计学效应。如果结果是来自随机试验，混杂在随机过程中被限制，这时的干预效果从公共卫生或者临床角度来看是极其显著的。随着观察性流行病学研究中使用的方法和分析的不断完善，更小的相对风险也可能会被认为是因果关系的证据。

用数据分析技巧（被称为荟萃分析）能从多个研究中估计出一个总体的发病风险比（RR）。荟萃分析又称 Meta 分析，会因为使用了固定效应模型和随机效应模型的平均值或者中位值而使结果有所不同。当单一研究缺乏充足的数据，无法得到具有统计学意义的结果时，可以综合多个研究中的数据来得到一个具有统计学意义的风险比（RR）。

6.3.3.2 一致性 (consistency)

从多个研究中得到关于一个风险因素与疾病之间关联强度测量的结果如果一致的话，则能说明该风险因素与疾病有因果关系。一致性也运用于剂量反应中。

> 至少在 29 篇回顾性研究和 7 篇前瞻性研究中都认为肺癌与吸烟有关。这些研究结果的一致性为吸烟会导致肺癌提供了强有力的证据。

6.3.3.3 时间性 (temporality)

病因必须出现在产生的效应之前。例如：由于冠心病引起的心绞痛使得以前喜欢运动的人减少了运动量变得不爱动，但是不能认为这种不爱运动造成了冠心病（尽管在病例-对照研究中显示不爱运动与冠心病有关）。

> 　　在队列研究中，肥胖被认为是成人发生糖尿病的一个很大的风险因素。然后，因为成人发病时会使得体重减轻，所以在研究肥胖与糖尿病关系的病例-对照研究中，可能得到的结论是二者没有关系。

6.3.3.4　剂量反应（dose response relationship）

剂量反应效应是指越接近暴露，发病的可能性和严重程度就会越大。可以通过比较不同暴露水平导致的结果间的差异来证明。剂量反应的趋势可以呈直线型也可以呈曲线型。尽管个别暴露组之间的差异可能不显著，但是在三个或更多个组之间的趋势是有可能显著的。当同时考虑多个研究时，通常会报告表现出显著趋势的研究所占的比例，以及这些显著趋势的方向是否相同。

6.3.3.5　合理性和连贯性（plausibility and coherence）

对一个病因的解释是否与自然史和疾病生物学相符？这个致病的关系是否具有"生物学意义"？生物学合理性就是讨论病因是否合理，若合理则为病因。然而，有时就算不太合理也不能轻易排除这种病因，特别是在未知病的调查过程中。

6.3.3.6　实验证据（experimental evidence）

正如上面提到的，不太可能在人体上做可能导致发病的病原实验或是鼓励人们去做一些高发病风险的行为来进行研究。但是，从干预性的随机实验中得到的证据能够为因果关系的讨论提供很好的材料。

> 　　在结肠癌高危人群中，高纤膳食有利于结肠癌的预防，则说明摄入低纤食物是疾病发生的一个病因。
> 　　服用维生素 C 能改善坏血症的症状，说明缺乏维生素 C 是坏血症的病因。

6.3.3.7　特异性（specificity）

这条标准是指在一般情况下，单一暴露只会引起单一疾病。尽管有很多例外的情况，但是它是病因的概念在传染性疾病方面的拓展和延续（例如：吸烟与肺癌有关，此外吸烟也与其他很多病有关）。当出现病因时，其特异性提供了因果联系的证据；但是当没有出现该病因，并不意味着能排除该因果联系。

6.3.3.8　类比（analogy）

如果在另一个暴露和/或者疾病之间（例如：牛海绵状脑病与羊痒病/传染性水貂脑病）观察到一个类似的关系时，则需要用类比。在因果联系的标准中，类比是最弱的一个，但是它能在推断假定病因在不同背景中是怎样发挥作用的。

6.4　因果关系网络模型

　　病因因素是以分层的方式来发挥作用的，因此，可以建立路径模型来描述、解释疾病的充分病因和必要病因之间的关系。图 34 是与羔羊肺炎有关因素的路径网状模型示意图。

　　路径模型提供了一张有代表性的"大图"，用于思考病因之间的关系（特别是时间上的关系）以及它们之间如何相互作用的框架，当对感兴趣的部分进行调查时，这个框架能为研究策略的设计提供入手点。

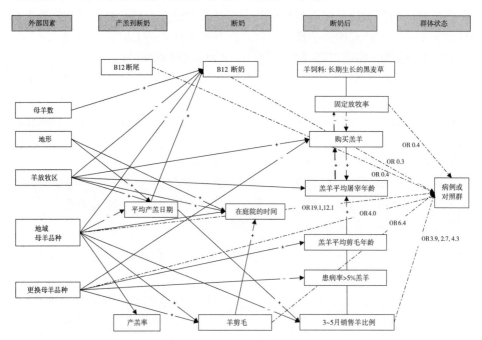

图 34：新西兰羔羊肺炎有关因素的路径模型。摘自 Goodwin-Ray 等（2008）。

7 抽样

本章学习目的:

● 解释简单随机抽样、系统随机抽样、分层随机抽样和整群抽样的关键特点;描述简单随机抽样、系统随机抽样、分层随机抽样和整群抽样的优缺点。

● 描述根据抽样数据进行推论时减少误差的方法。

● 给出一个恰当的计算公式,用于估计群体的总数、平均值或者比例时所需要的样本量。

● 能给出一个恰当的计算公式,用于计算在一个群体中发现某种疫病所需要的样本量。由于检测试验并不完美,故应能对得到的结果进行修正。

7.1 简介

流行病学专家频繁地调查畜群是为了:
● 发现某种疾病;
● 证明群体中不存在某种疫病(证明无疫);
● 明确群体中某种疫病的发生水平。

为准确地预估疾病,我们必须对目标群体进行恰当的测量。如果对群体中的每个个体逐一进行检测(并且没有测量误差)那么就能精确得到这个群体中该病的水平。这一技术称作普查。然而,多数情况下普查是不可行的,且花费过多。一般情况下,通过从群体检测部分动物(样本)就能得到一个对群体疾病水平准确的预估值。

7.2 概率抽样方法

概率抽样指群体中的每一个个体都有事先已知的、非零概率被抽中的抽样。

7.2.1 简单随机抽样

简单随机抽样指群体中的每个个体被抽到的概率均等。

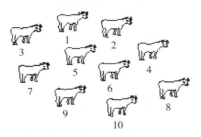

图 35：简单随机抽样。如果需要抽 5 头奶牛作为样本，则将这 10 头牛编号从 1 到 10。然后从 1～10 之间随机产生 5 个随机数字，根据产生的随机数字选择相应奶牛。

7.2.2 系统随机抽样

系统随机抽样得到抽样单元是按照预先设定的、相等的间隔（称作抽样间隔）抽出来的。在抽样单元的总数未知的情况下经常使用该方法进行抽样（例如，在某研究中需要对某日到医院急症室就诊的患者进行抽样——初始阶段我们根本不知道在到当天结束时能就诊的患者总数）。

> 假设我们以住院病人的病历为基础进行持续性详细审核研究。在抽样前是不可能提前知道病历总数的，因为病历数量是动态变化的（因此不能采用简单随机抽样方法）。然而，可以估测在某个时间段内病历大致的数量，然后间隔 k 个病历抽取一个病历作为样本。
>
> 我们需在 12 个月内得到 300 个病历来完成研究。如果每天平均有 10 个新病历，那么每年的病历总数可以估计为：$10 \times 365 = 3\,650$ 个。为了使采样量到达每年要求的数量，抽样间隔 k 应为 $3\,650 \div 300 = 12$。因此，我们间隔 12 个病历抽取一个病历作为样本。
>
> 要采用这种方法抽样就必须保证每份病历都有一个连续的编号。在研究初始阶段，从 1～12 之间随机选择一个数字作为起点，以该起点编号对应的病历以及该编号以后每间隔 12 个数对应的病历抽出来作为样本。如果随机选到的数字是 4，那么组成样本的病历编号应为 4、16、28、40、52……

7.2.3 分层随机抽样

分层抽样指先将样本框分成不同的组（层），然后在每个层里进行随机抽样。为了确保最终抽取的样本能够充分代表整个群体的所有不同的组，常采用分层随机抽样。其最简单的形式是分层比例随机抽样，即按照每层的单元数量占整个单元数量的比例来分配各层的样本数量。

假设想要确定某个地区猪群中疫病的流行率。以前的调查显示，该地区 70% 的猪存栏于规模非常大的、集约化猪场中，20% 的猪存栏于较小规模的猪场（这些小场多是大型场的下属养殖场），其余的 10% 存栏于城镇周边的一些散养户中（这些人的主要职业不是农耕）。采用分层比例层抽样法，分三层，在大型规模场抽的样本量占样本总量的 70%；较小规模的样本量占20%；在城镇周边散养户的样本量占 10%；然后再在每一层中随机抽样。

如果能够对群体进行逻辑分层，使得层内变化与层间变化保持一致，那么分层随机抽样得到的结果就能更加精确地反映目标群体。

在一些情况下，从某个特殊的层中获取样本是比较困难的，或比从其他层中取样花费更多。在上述示例中，从城镇周边的小散养户中抽样的成本可能更高。这可能由于小散养户不完善的登记注册情况、难以与猪的主人联系来安排合适的走访时间以及可能需要的额外旅费等。在这种情况下，可以采用一种称作非比例抽样的技术。

分层抽样的优点是可以提高参数估计值的精确度。如果一个畜群能被分成若干个逻辑层，每个层内的变异程度较之层间的变异程度为小，那么就将获得更为精确的估计值。

我们想要确定某个地区奶牛泌乳期平均总产奶量（以升为单位）。该地区有两种奶牛，一种是黑白花奶牛，其特点是产奶量大，但牛奶固形物浓度低；另一种是泽西奶牛，其特点是产奶量小，但牛奶固形物浓度高。将群体以品种分层，并从每个层中抽样，则可以准确预估每个品种奶牛泌乳期平均总产奶量。该地区奶牛的平均产奶量可根据每层的产奶量平均值和每层中奶牛的数量加权平均得到。

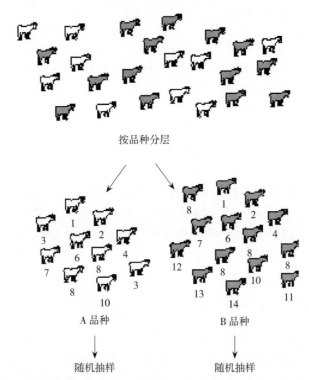

图36：分层随机抽样。将一群动物按品种进行分层，并从每层内随机抽样。

7. 2. 4　整群抽样

整群抽样指将样本框分成不同逻辑集（群），再随机选择"群"。接下来对选定"群"中所有单个样本单元（也称作初级样本单元）进行检测。可以在空间或时间上进行分"群"。例如，一头母猪生产的一窝小猪可以看做一个"群"，农场中的一群奶牛也是一个"群"，一队渔船在空间上也组成一个"群"（也就是在一个港口）。

与简单随机和分层随机抽样程序同样数量的样本来获取估计值相比，整群抽样预估值的标准误常常较高。造成这一点的原因是：与来自不同"群"的个体相比，处于同一"群"的样本单元倾向于具有更多的同质性。

整群抽样有两种抽样类型：

● 一级整群抽样指先采用简单随机抽样方法抽出"群"，一旦抽出群以后，对所抽取"群"内的所有样本单元进行检测；

● 二级整群抽样指先采用简单随机抽样方法抽出"群"，一旦抽出群以后，对所抽取"群内"的所有样本单元再采用随机抽样，从每个"群"中抽取样本单元进行检测。当每个"群"含有同样数量的样本单元时，在这种情况下，对群体特征的估计是比较简单的。当每个"群"中含有不同数量的样本单元时，对群体特征的估计就不简单了。在这种情况下，你需要邀请统计学家来共同解决这个问题。

需要抽取的"群"数和每个"群"中需要抽取样本单元的数量将取决于所关切因素在"群"间的相应变异程度（与"群"内相对变异程度相比），以及抽取"群"的相应费用（与抽取个体的费用相比）。

- 当群间的变异程度大于群内的变异程度时，需要抽取更多的"群"来获取一个对群体精确的预估值；
- 当群间的变异程度小于群内的变异程度时，需要在已抽取的每一个"群"中抽取更多样本单元来获取一个对群体精确的预估值。

7.3　非概率抽样

当从一个群体中抽取到某个个体的概率是未知的，以及该群体中的某些组被抽取的可能性高于或低于该群体中组被抽取的可能性时，这种情况下的抽样称为非概率抽样。非概率抽样方法包括：

- 便利抽样：指选择最易接近或者控制的采样单元；
- 判断抽样：指选择最期望的抽样单位；
- 偶遇抽样：指不采用特定方案或方法来选择抽样单位的方法。这种类型抽样方法固有的问题在于：抽样人员受潜意识的影响，导致其在抽样过程中会试图保持所选样本单元间的平衡。例如，刚刚已经抽取到一头成年动物，当进行下一次抽样时会更加倾向于幼年动物。

非概率抽样的最大问题在于一定会对群体的预估值造成偏倚，并且无法对偏倚的程度进行定量分析。

7.4　抽样技术

随机抽样意味着群体内每个所关切的单元与其他单元一样，有着相同抽中的概率。每个独立单元被选中的概率必须相同。这不考虑抽样的可达性、难易程度、或个体间可能存在的其他差异。在抽取随机样本前应考虑以下几个重要问题：

- 必须定义和明确目标群；
- 明确研究群必须是具有代表性的，能代表目标群。研究群在组成上应该与目标群相同；

- 构建抽样框。抽样框用来确定研究群中的每个抽样单元；
- 应使用随机（概率）的方法从抽样框中选择样本单元，这样才能使得样本框内的每个样本单元被抽到的概率均等。

7.4.1 随机方法

随机抽样方法主要有两种：一种是物理随机法，另一种是使用随机数字法。物理随机法指采用包含随机因素的物理系统来选择样本单元的过程。这一过程包括从袋子里摸出标有数字的弹珠（类似于抽签法）、投骰子、掷硬币等。

随机数字是由一些单个数字组成的数字序列，0~9 中的任意数字在该序列中出现的机会均等，并且这个序列包含了所有研究对象的数字编号。可以用随机数字表来选择样本。一些计算机程序（如：spreadsheet）也能产生随机数字，这些程序使用计算程序来产生数字序列。数字序列的产生取决于为算法选择的初始值（种子值）。由于从 0 到 9 的任意数字出现在序列中一个随机选择的位置有着相同的概率，序列中的每个点出现的实际数字取决于种子值。换句话说，如果使用同一个种子值重复该过程，精确的随机数字序列能够重复产生。正是由于这个原因，计算机产生的随机数字常常被称作伪随机数字。

7.4.2 重置

抽样可采用以下任意一种方式：重置抽样或非重置抽样。重置抽样中，每个被选中的单元被抽到以后，会被重新放回到抽样框中，因此它在以后的抽样中仍然有可能被抽到。

非重置抽样中，每个抽到的单元在检测和记录以后会从样本框中剔除，这些曾被选中的单元不能再被选择作为样本。从直觉上说，非重置抽样更具有逻辑性，因为能从新的个体获取不同的信息，比从同一个重复抽到的个体得到的重复信息要好。然而，由于统计学方面的原因，在一定情况下，会采用重置抽样。这些原因与预估过程中的数学计算有关。在重置抽样中，从第一次抽样到最后一次抽样，某个样本单元被抽取的概率始终保持不变，最终样本的结果分布用二项分布来描述。在非重置抽样中，每进行一次抽样，下一个单元被抽取的概率就会发生改变；这是由于每当一个单元被抽走以后，分母会变小。结果分布用超几何分布（稍微复杂一些）描述。

当抽样群体数量很大的时候，这两种不同抽样程序之间的差异就变得不是很重要了。当群体数量很大而且进行非重置抽样，通常可用二项分布对超几何分析进行近似分析。

7.4.3　按规模大小的成比例概率抽样

如果不同的动物集群中所含研究单元数量差异较大时，按不同的比例对集群进行抽样来预估群体的情况，特别是在预估群体总量的时候，与按相同比例抽比较，按不同比例抽的标准误要低。与量成比例的概率抽样就能避免这样的问题出现。

举例来说，假设你需要从表23中列出的10个群中随机抽出3个群。在这10个群中，动物个体数量的范围为200～1 600头。第一步，将这10个群内的动物个体数的总和（6 700）除以抽出的群数（3），得到一个抽样间隔：6 700÷3＝2 233。下一步，在1～2 233之间随机抽一个数字。假设随机抽到的数字是1 814，然后在列表中找到1 814在那个群中，将这个群作为抽样的第一个群。因为1 814位于1 601和1 900之间，所以第一选择的动物集群是4号群。下一步，第一次随机抽到数字加上抽样间隔：1 814＋2 233＝4 047，则第二个被抽到的动物集群是6号群。再重复之间的步骤：4 047＋2 233＝6 280，最后抽到的动物集群是10号群。

当使用这种抽样方法的时候，如果一个群的数量比抽样间隔大，则这个群有可能会被抽到两次。当需要抽的动物集群占整个集群的比例小的时候，这种被抽到两次的情况就不太会发生，除非这些集群中有一个集群的动物数比其他的大很多。如果出现了这种情况，可以在这个集群内抽两个亚群。选择另外一个动物集群来替代或者重复整个抽样过程直到没有重复的动物集群都是无效的，因为不管是这两种方法中的哪一种都无法满足对概率的要求。

如果不知道动物集群的预估量，就没法采用按规模大小的成比例概率抽样，只能对集群采用简单随机的方法。在这种情况下，任何一个分析中的应答都需要被加权。这就需要知道被抽到的每一个集群中样本单元的总数。

表23　群内动物数量的累积值

群	n 值	累加 n 值
1	1 000	1 000
2	400	1 400
3	200	1 600
4	300	1 900
5	1 200	3 100
6	1 000	4 100
7	1 600	5 700
8	200	5 900
9	350	6 250
10	450	6 700

7.5 样本数量

对样本数量的选择既应考虑统计学因素，又应考虑非统计学因素。非统计学因素考虑是否有充足的时间、资金和资源。统计学因素考虑预估值的精确度以及所期望的数据变异程度。在描述性研究中，我们需要说明样本估计值接近于群体真实值的预期置信水平（$1-\alpha$）。在分析研究中，我们可能对该研究能检测到实际效果的能力（$1-\beta$）要感兴趣。

7.5.1 简单和系统随机抽样

采用简单随机抽样时，下述公式可用于得出估测群体参数（群体的总数、平均数和比例）的适合的样本数量。

总数：
$$n \geqslant \frac{z^2 SD^2}{\varepsilon^2}$$

平均数：
$$n \geqslant \frac{z^2 SD^2}{\varepsilon^2}$$

比例：
$$n \geqslant \frac{z^2 (1-P_y) P_y}{\varepsilon^2}$$

z：可靠性系数（例如：在 α 水平为 0.05 时，$z=1.96$）。

SD：兴趣变量的群体标准差。

ε：预估值和群体真实值之间的最大绝对差异。

P_y：未知的群体比例的预估值。

我们想预估农场里鹿体重的平均值，在某年龄段内鹿体重的标准差预期是在 30 千克左右。我们想有 95% 的信心我们的预估值与群体真实平均值间的差异在 10 千克以内。我们的抽样量需要多少？

$z=1.96$

$SD=30$

$\varepsilon=10$

$n=(z^2 \times SD^2) / \varepsilon^2$

$n=(1.96^2 \times 30^2) \div 10^2$

$n=34$

我们的抽样量为 34 头鹿。

我们想预估一个牛群中布鲁氏菌病的血清流行率，预期流行率为 15%，我们想抽取足够样本，使得我们有 95% 的信心我们的预估值与真实流行率之间差异控制在真实流行率的 20% 以内。我们的抽样量需要多少？

$z = 1.96$

$P_y = 0.15$

$\varepsilon = (0.20 \times 0.15) = 0.03$

$n = [z^2 \times (1 - P_y) \times P_y] / \varepsilon^2$

$n = [1.96^2 \times (1 - 0.15) \times 0.15] \div 0.03^2$

$n = 544$

我们的抽样量为 544 头牛。

7.5.2 发现疫病的抽样

兽医们经常被要求对动物群进行检测，以确保不存在疫病。在给定的置信水平的情况下，能够发现疫病所需动物的采样量通过下面的公式进行计算：

$$n = (1 - \alpha^{\frac{1}{D}}) \times (N - \frac{D-1}{2}) \tag{18}$$

N：群体数量。

α：1 − 置信度（通常为 1 − 0.95 = 0.05）。

D：群体中预估的最小发病动物数（即：群众数量 × 最小预期流行率）。

某个畜群的动物总数为 200，某种疫病的预期流行率为 20%，大概应检测多少动物才能有 95% 的把握能从该畜群中检测到至少一个病例？

$N = 200$

$\alpha = 0.05$

$D = 0.20 \times 200 = 40$

$n = (1 - \alpha^{1/D}) \times [N - (D-1)/2]$

$n = (1 - 0.05^{1/40}) \times [200 - (40-1)/2]$

$n = 0.072 \times 180.5$

$n = 13$

至少需要检测 13 头动物。

上面介绍的公式有一个前提，就是检测疾病的方法是完美的，只要动物有病就能检测出来，即检测方法的敏感性是 100%。但实际上检测方法并不是完美的（即敏感性不是 100％），需对用上面介绍的公式得到的结果进行修正，将得到的结果乘以检测方法敏感性的倒数。

> 　　在上面的例子中，我们算出当预期流行率为 20％时，需要抽 13 头动物才能有 95％的把握能检测出至少一头发病动物。那么当我们使用敏感性为 90％的检测方法是，需要抽多少头动物才能有 95％的把握检测出至少一头发病动物？
>
> $n = 13$
>
> Se = 0.90
>
> $n' = n \times (1/Se)$
>
> $n' = 13 \times (1/0.90)$
>
> $n' = 15$
>
> 　　当用敏感性为 90％的检测方法进行检测的时候，至少检测 15 头动物。

8 诊断试验

本章学习目的:
- 能解释试验的敏感性、特异性、阳性预测值和阴性预测值;
- 能将试验结果代入到 2×2 表格,用正确的公式计算并解释试验敏感性、特异性、阳性预测值和阴性预测值;
- 能解释表观流行率与真实流行率之间的差异,并用给定的数据代入到 2×2 表计算表观和真实流行率。
- 能解释什么是诊断试验的平行和垂直策略,能举例说明什么情况下应该使用诊断试验的平行策略,什么情况下使用垂直策略。
- 能解释如何预估可能在临床实践中遇到的各种疾病能被预试验检测到的概率。
- 能用线状图和预试验对疾病检测能力的预估值,来判断正式试验对个体疾病的检测能力。

8.1 简介

检测被定义为用来检测(或定量)动物的症状、物质或组织的变化或身体反应的所有过程或手段,包括:
- 动物或养殖场常规检查;
- 在病史采集过程中发现的问题;
- 临床症状;
- 实验室结果——血液学、血清学、生物化学、组织病理学;
- 剖检结果。

如果检测的目的是作决策,应该以检测是否有能力影响评估疾病有无的可能性为基础来选择合适的检测方法。

8.2 准确性和精确度

检测方法的准确性与其对被测量的物质进行测量得出真实结果的能力有

关。准确并不是要求一次的试验结果接近真实值，而是要求如果进行重复检测的时候，检测结果的平均值应该接近真实值。准确的检测方法不会过高或过低的估计真实值。如果不准确程度可以被测量的话，检测结果是可以被修正的，可以据此对检测结果进行修正。

检测的精确性与检测结果的吻合程度相关。如果检测对同一样品总是得出一样的值（不论值是否为真实值），就认为这个检测方法很精确。

8.2.1 准确性

评估检测方法的准确性时，样本中要被检测的这种物质的含量是已知的。样本中所需检测物质的含量可以是由别人用公认的参考程序测出来的，或是样本中加入了已知含量的被检测物质。在原样品中物质存在的多少和样品是否具有代表性，使此方法在评估常规田间检测方面不是非常理想。

8.2.2 精确性

检测结果的多变性是由于同一样品在相同实验室得到结果的多变性（即同一实验室内检测的重复性）或者是同一样品在不同实验室间得到结果的多变性（即不同实验室间检测的再现性）。不论检测什么，检测精确性评价包含了在实验室内和/或实验室间反复多次的检测同一样品。

8.3 诊断试验评价

诊断试验需符合两个重要要求：①能准确地确认患病个体；②能准确确认未患病个体。为了评价诊断试验的好与坏，我们需要将其与"金标准"进行比较。所谓金标准就是一种非常完美、非常准确的检测方法或者测试程序，它能诊断出所有的患病个体，不会发生漏检的情况。

> 运用组织病理学和微生物学方法对小肠进行检测被视为检测牛副结核肠炎的金标准。
>
> 运用组织病理学方法检测脑干是检测牛海绵状脑病（疯牛病）的金标准。

一旦样品用金标准检测和被评价的检测方法进行检测后，建立 2×2 表格（常见的表格样式见表24），便能对检测方法的特性进行定量评价。

表24　2×2表格中的诊断试验数据

	金标检测阳性	金标检测阴性	总计
试验检测阳性	a	b	$a+b$
试验检测阴性	c	d	$c+d$
总计	$a+c$	$b+d$	$a+b+c+d$

如果你能像图37展示的那样想象检测结果和疾病状态，那么就能了解用来描述诊断试验性能的一些专有名词。

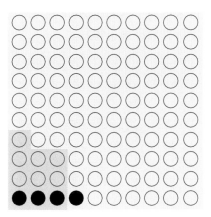

图37：在一个群体里共有100个个体，其中有4个患病个体（黑色实心圆），96个健康个体（空心圆）。这个群体里的100个个体都被检测，10个结果为阳性［粉色（深色）阴影内］；90个结果为阴性［绿色（浅色）阴影内］。

8.3.1　敏感性

试验敏感性的定义是：检测结果阳性数占感染动物数的比例［p（T^+｜D^+）］。敏感的试验漏检感染动物的可能很小。敏感性是对预测事件准确性测量。

$$敏感性=\frac{a}{a+c}\qquad（19）$$

敏感性：

- 是一种条件概率，指在发生了疾病的情况下，检测结果为阳性的概率。
- 是一个发病个体被检测为阳性的可能性。
- 疾病检测阳性数占发病个体的比例。
- 真阳性率（相对于所有发病个体）。

8.3.2 特异性

试验特异性定义为检测结果阴性数占健康动物数的比例 [p（T^- | D^-）]。高特异试验很少将非感染动物诊断为检测阳性。

$$特异性 = \frac{d}{b+d} \tag{20}$$

特异性：

- 是一种条件概率，指在没有疾病的情况下，检测结果为阴性的概率。
- 是一个未病个体被检测为阴性的可能性。
- 疾病检测阴性数占未患病个体的比例。
- 真阴性率（相对于所有未患病个体）。

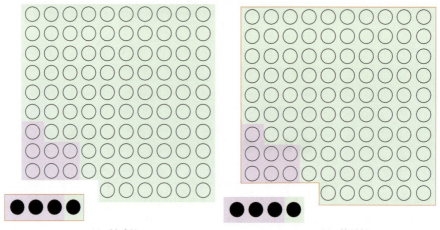

(a) 敏感性   (b) 特异性

图 38：试验敏感性和特异性的示意图：（a）敏感性是试验检测阳性结果数占患病动物个体数的比例。在上图的例子中，4 个患病动物有 3 个被试验检测为阳性，因此试验的敏感性＝3÷4＝0.75；（b）特异性是试验检测阴性结果数占健康动物个体数的比例。在上图的例子中，96 个健康动物有 89 个被试验检测为阴性，因此试验的特异性＝89÷96＝0.93。符号的意义：黑色实心圆-患病动物；空心圆-健康动物；粉色（深色）阴影区-检测阳性；绿色（浅色）阴影区-检测阴性。

敏感性和特异性是呈负相关的，在一个连贯的坐标中衡量检测结果的时候，敏感性和特异性是会随着 cut-off 值的变化而变化（图 39）。正因为如此，当敏感性提高时往往会使得特异性降低，反之亦然。最佳的 cut-off 值取决于试验诊断策略。如果初期的目标是发现患病个体（即尽可能减少假阴性的数量，接受一定数量的假阳性），那么对诊断试验的要求是具有高的敏感性。如果现在的目标是确保每次检测结果中的阳性就是"真"的患病动物（即尽可能减少假阳性的数量，接受一定数量的假阴性），那么诊断试验就应该具有高特异性。

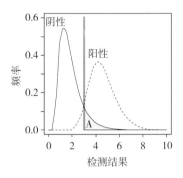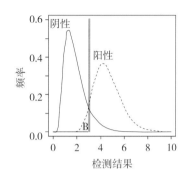

图 39：在一个连贯的坐标中衡量检测结果，上图展示的是对健康动物和患病动物个体检测结果的分布情况。试验的 cut-off 值用红色垂直实线来表示：那个动物个体检测结果比 cut-off 值小的则被诊断为健康动物，而检测结果比 cut-off 值大的则被诊断为患病动物。用该试验区检测部分健康动物时，检测结果的值比 cut-off 值大（左图中的 A 阴影区），被判定为患病动物，所以这部分被称为假阳性。反之，当患病动物检测结果比 cut-off 值小（右图中的 B 阴性区），被判定为健康动物，所以这部分被称为假阴性。

8.3.3 阳性预测值

阳性预测值是指：在试验检测阳性结果中真正为患病动物的比例。

$$阳性预测值（PPV）= \frac{a}{a+b} \qquad (21)$$

阳性预测值：

- 试验阳性结果的预测值；
- 检测结果为阳性的动物是患病动物的可能性。

8.3.4 阴性预测值

阴性预测值是指：在试验检测阴性结果中真正为健康动物的比例。

$$阴性预测值（NPV）= \frac{d}{c+d} \qquad (22)$$

阴性预测值：

- 试验阴性结果的预测值；
- 检测结果为阴性的动物是健康动物的可能性。

预测值是定量分析一个检测结果对某一特定个体是否能对所关心的情况做出正确判断的可能性。要预估预测值的话，需要知道试验的敏感性、特异性和群体中所关心疾病的流行率。流行率对预测值的影响是很大。假设群体中某病的流行率约为30％，当用敏感性为95％，特异性为90％的试验时，阳性预测值是80％，阴性预测值为98％。如果群体中某病流行率仅为3％，试验的敏感性和特异性不变，则阳性预测值是23％，阴性预测值为99％。

> 敏感性和特异性是一个诊断试验的内在属性，是不会随着流行率的变化而改变的。
>
> 当流行率增加时，阳性预测值增加而阴性预测值减小；当流行率减小时，阳性预测值减小而阴性预测值增加。
>
> 诊断试验的敏感性越高，则阴性预测值越高；诊断试验的特异性越高，则阳性预测值越高。

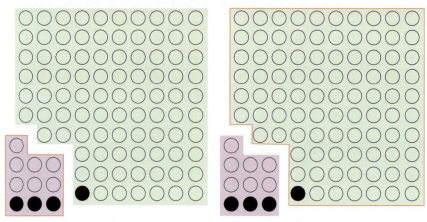

(a) 阳性预测值   (b) 阴性预测值

图 40：阳性预测值和阴性预测值的解释。（a）阳性预测值指检测阳性动物中感染动物所占的比例。在上述例子中，10 个检测阳性的个体中有 3 个为感染动物，因此阳性预测值为 0.30。（b）阴性预测值指检测阴性动物中未感染动物所占的比例。在上述例子中，90 个检测为阴性的动物中有 89 个为未感染动物，因此阴性预测值为 0.99。

备注：黑色实心圆表示感染动物，空心圆表示未感染动物，粉色框内的圆圈表示检测阳性动物，绿色框内的圆圈表示检测阴性动物。

8.4 计算流行率

用不完美的试验计算出的疾病流行率称为**表观流行率**，是试验阳性结果数与群体总数的比例，可能大于、小于或等于**真实流行率**。如果试验的敏感性和特

异性已知,那么真实流行率可以用 Rogan 和 Gladen(1978)的计算公式进行换算:

$$p\left(D^+\right)=\frac{AP-\left(1-Sp\right)}{1-\left[\left(1-Sp\right)+\left(1-Se\right)\right]}=\frac{AP+Sp-1}{Se+Sp-1} \quad (23)$$

其中:

AP:表观流行率;

Se:敏感性(0~1);

Sp:特异性(0~1)。

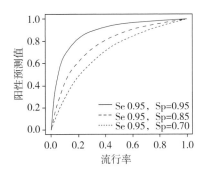

图 41:不同敏感性和特异性的诊断试验的阳性预测值
与流行率之间的关系。

　　个体奶牛体细胞计数(ICSCC)被用作奶牛亚临床乳房炎的筛
检试验,试验的敏感性为 90%,特异性为 80%。使用该筛检试验
时,乳房炎的群内表观流行率为 23 例/100 头奶牛。真实流行率
$p(D^+)$ 可以计算如下:

　　AP=0.23

　　Se=0.90

　　Sp=0.80

　　$p(D^+)$ = (AP+Sp-1) ÷ (Se+Sp-1)

　　$p(D^+)$ = (0.23+0.80-1) ÷ (0.90+0.80-1)

　　$p(D^+)$ =0.03/0.7

　　$p(D^+)$ =0.04

　　此畜群的乳房炎群内真实流行率为 4 例/100 头奶牛。

　　上述的 Rogan 和 Gladen 方法,当流行率很低(即 1 个病例/100 个风险动
物或者更低)的时候就不太适用了。在这种情况下就需要用贝叶斯
(Bayesian)方法来计算真实流行率。相关问题的描述和解决方法的简单概要,
请参考 Messam 等(2008)的文章。

8.5 诊断试验的策略

临床医生常常为了增加病人确诊患有某病的置信度而进行多重试验。当多个被检测了的试验结果都为阳性时，对试验结果进行直截了当的解释：疾病存在的概率相对较高。然后，更可能的情况是有些试验结果是阳性，而另一些试验结果是阴性。无论是在试验平行策略还是垂直策略下，我们都能对这样的检测结果进行解释。

8.5.1 平行策略的解释

采用平行策略：进行多重试验时，至少有一种试验结果是阳性就认为该个体为阳性。在疾病流行率一定的情况下，采用平行策略会增加诊断试验的敏感性，从而使得阴性预测值升高；使得特异性和阳性预测值降低。这样的话，如果采用平行策略进行大量的多重试验，每个个体都有可能被判定为阳性。

8.5.2 垂直策略的解释

采用垂直策略：进行多重试验时，必须得所有试验结果为阳性才能认为个体为阳性。在疾病流行率一定的情况下，采用垂直策略会增加诊断试验的特异性，并使得阳性预测值升高，这就意味着对阳性结果的信心会增大；使得敏感性和阴性预测值降低。当采用这种策略时，可能会使得发病动物被漏检。

8.5.3 提高阳性的预测值

提高阳性预测值的其中一个方法是：将该检测用于疾病流行率相对较高的群体。因此进行疾病筛查设计，就是为了能一旦个体发病就能被发现。因此我们通常将目标个体设为那些可能会有问题的个体（例如：被扑杀的动物，或者是有过特定疾病史的动物）。

提高阳性预测值的第二个方法是：使用特异性更高的试验（具有相同或更高的敏感性），或者是改变现有试验的界限值（cutpoint）来增加试验的特异性。当特异性增高时，阳性预测值增加。

提高阳性预测值的第三个方法是：是我们常用方法——进行多重试验。如果采用垂直策略进行多重试验：①增加检测程序的特异性（减少假阳性的风险）；②降低敏感性（会使得更多的发病动物被漏检）。如果采用平行策略进行多重试验：①提高检测程序的敏感性（增大能找到阳性病例的可能）；②降低特异性（会使得假阳性增多）。

8.6　筛查和诊断

在实际运用中，检测方法有如下两种类型：**筛检试验**是那些对表面健康的群体进行检测以发现疾病或潜在疾病或病原的方法。通常，该方法检测为阳性的个体还需要进行确诊。**诊断试验**往往用于确诊或阐明疫病状态、为治疗方法的选择提供指导或指导预后。在这种情况下，所有的个体是"患病的"，并且存在的挑战是做出正确的诊断。

筛检和确诊试验策略（通常应用在疾病控制计划中）是将畜群中所有的动物进行检测以找到阳性动物。理想状况是这种检测方法既操作简单费用又低，同时试验的敏感性高，因此只有少量的发病或感染动物被漏检；另外，其特异性也应该合理，对于需要进行确诊试验的假阳性动物的数量，也要考虑到经济上的合理性。

筛检试验阴性的动物被认为肯定是阴性而不需要进行进一步检测，但筛检试验阳性动物需要进行确诊试验。确诊试验要求更高的技术和更完善的设备，可能更昂贵，因为诊断试验只在少量筛检试验阳性样品中进行。但是诊断试验必须有很高的特异性，诊断试验阳性的动物被认为肯定是阳性动物。

在疾病控制和根除计划中应用同样的原则。首先应用试验检测疾病：将阳性动物从畜群中除去。为了有效检出阳性，需要应用高敏感性的检测方法。在计划早期表观流行率比实际流行率高，因为试验的特异性小于100%。随着计划的实施，试验阳性动物被确诊并扑杀，畜群疾病流行率下降，因此阳性预测值下降，增加了表观流行率和真实流行率的差距，假阳性比例会增加，这个阶段需要应用特异性高的检测方法。在某些情况下，需要应用垂直试验以提高特异性。

> 重要规则：
> ● 如果试验目的是找出感染动物，应用高敏感性的检测方法（例如给你的爱犬诊断肿瘤）。
> ● 如果试验目的是证明无疫，应用高特异性的检测方法（例如在进口到新西兰之前检测奶牛布鲁氏菌病）。

8.7　似然比

诊断试验通常有助于确定动物个体是否感染。因为诊断试验并不完美（即，出现假阳性和假阴性），因此不能认为"试验阳性＝感染"，"试验阴性＝

非感染"，应该认为试验是对被检动物个体是否感染概率估计的一个过程。似然比就是这样的一种方法。

阳性似然比是真阳性率与假阳性率的比，可以表示未感染存在的概率（敏感性）除以感染不存在的试验结果的概率（1－特异性）。阴性似然比等于(1－敏感性)除以特异性，因此：

$$LR^+ = \frac{Se}{1-Sp} \tag{24}$$

$$LR^- = \frac{1-Se}{Sp} \tag{25}$$

其中：

Se：敏感性（0～1）；

Sp：特异性（0～1）。

似然比（LR）可以通过应用一个临界值（cut-off 值）进行计算，因此可以得到一组似然比，即一个阳性似然比（LR^+）结果和一个阴性似然比（LR^-）结果。这样就可以应用多级似然比从诊断试验中抽取出更加有用的信息。在这种情况下，试验结果的范围和似然比的值有关。

似然比可以定量测量特定的试验结果所包含的诊断信息。如果预期动物疾病状况的似然（＝试验前疾病的比数），试验的似然比乘以试验前疾病的比数得出对疾病比数的修订值（＝试验后疾病的比数）。这个结果是流行率的又一种表达方法且更加具有说服力。应用以下公式可以将比数转换成概率，反之亦然。

$$事件比数 = \frac{事件概率}{1-事件概率} \tag{26}$$

$$事件概率 = \frac{事件比数}{1+事件比数} \tag{27}$$

单个奶牛体细胞计数（ICSCC）被用作奶牛畜群中亚临床奶牛乳房炎的筛检试验。估计一个农户的奶牛畜群的亚临床症状乳房炎的流行率约5%，从畜群试验中可以得到以下信息：

	乳房炎⁺	乳房炎⁻	合计
ICSCC>200	40	190	230
ICSCC<200	10	670	770
合计	50	950	1 000

随之，对畜群中奶牛个体进行检测，其中一头奶牛的 ICSCC 为 320 000 个细胞/毫升，这头奶牛感染奶牛乳房炎的概率是多少？

应用固定值 ICSCC 200 000 个细胞/毫升为临界值判断奶牛感染乳房炎，假设 ICSCC 试验的敏感性为 80%，特异性为 80%，计算得出阳性预测值是 40÷230＝17%。根据计算估计 ICSCC 值远远大于 200 000 个细胞/毫升的奶牛，其真正的奶牛乳房炎概率为约 17%。

畜群试验权威提供了按照 ICSCC 值分类的似然率：

ICSCC	<100	100~200	200~300	300~400	>400
LR$^+$	0.14	0.37	2.50	14.50	40.80

乳房炎后验概率可以确定如下：

1. 乳房炎先验概率为 50÷1 000＝0.05。

2. 试验前乳房炎比数为 0.05÷（1－0.05）＝0.053。

3. 给定阳性试验结果，乳房炎验后比数为试验前乳房炎比数×LR（＋）＝0.053×14.5＝0.76。

4. 给定阳性试验结果，乳房炎后验概率为 0.76/（1＋0.76）＝0.43。

奶牛 ICSCC 为 320 000 个细胞/毫升的乳房炎后验概率约为 43%。

图 42 为后验概率的计算提供了捷径。在图的左边表示的是被检测的动物个体的先验概率。下一步是在中间范围确定试验结果阳性似然率的值，最后在图右边通过似然率值估计的先验概率值到右边相应的后验概率值划一条直线。

这个评价试验信息方法的一个优点是可以很容易的处理相继进行的试验的信息。如果用垂直方法解释试验结果，第一个试验的疾病后验概率就是第二个试验先验概率。

现在继续讨论上面所述的乳房炎的例子：假设对奶牛进行检测，检测其中一项是用快速乳房炎试验（RMT）每季度对奶牛进行检测，已知 RMT 试验的敏感性和特异性分别是 70% 和 80%，如果 RMT 检测奶牛呈阳性，那么这头奶牛患有乳房炎的概率是多少？

RMT 阳性似然率比为 3.5［＝0.70/（1－0.80）］。如果使用权疾病的概率为 0.43，试验结果为阳性，可以用列线图计算后验概率为 0.72，即，我们有 72% 的把握确定这头奶牛患有乳房炎。

对试验结果的似然比方法进行解释的优点是可以更好的解释所应用的每次试验（在上面例子中，ICSCC 比 RMT 提供了更多的信息）的值（比如，后验概率的增加）。如果所应用的每次试验的费用已知，后验概率每增加一个单位的费用就可以确定，可以更客观应用试验资源。

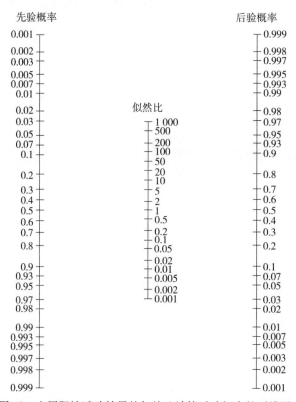

图 42：应用阳性试验结果的似然比计算后验概率的列线图。

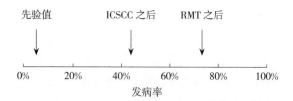

图 43：表示在应用垂直诊断试验后疾病变化可能性的预估值。在奶牛乳房炎的例子中，以前认为奶牛患有乳房炎的概率为 5%，在应用 ICSCC 试验结果后，奶牛患有乳房炎的概率增加到 43%，在应用快速乳房炎试验并且试验结果为阳性后，奶牛患有乳房炎的概率增加到 72%。

9　暴发调查

本章学习目的:
● 描述暴发调查中采取的步骤,包括对群间、空间和时间的分布进行描述。
● 解释在暴发调查时建立病例定义的重要性。
● 当暴发确认后,列出加强监测的方法。

9.1　暴发调查方法

暴发定义为一系列疾病事件聚集发生在一定时间段内。暴发期间,调查者应该询问以下问题:
● 出现了什么问题?
● 为了控制暴发能够采取的相应措施?
● 是否可以预防暴发在将来再度发生?

以上概括了对人群或动物群体中疾病进行暴发调查的方法。尽管术语"暴发"包含突发(且可能惊人)事件(如奶牛饲养场暴发肉毒中毒)的含义,但应该知道有些疫情暴发也有潜伏的特性:有时疫情暴发在确认、定性、调查之前很长一段时期内已经对动物群体造成了亚临床损失。

9.2　确认暴发

9.2.1　什么疾病?

一旦确认了疑似暴发,确定疫病特性是早期重要的一步。应该尝试描述病例特征(有助于建立正式的病例定义,见下文),描述清楚疾病的特征(形成一个正式的病例定义,见下面)。在这个阶段不太可能做确定性的诊断,所需要的就是对疾病或症状建立一个工作定义:例如"断乳小牛生长不良"或"育肥猪突然死亡"。

9.2.2 发病情况是否真的超过正常水平？

暴发调查首先要确定所谓的暴发是否为需要特别关注的异常事件。在调查过程中，每单位时间内的病例数应该比正常情况下显著增高。非常普遍的一种现象是：畜主及相关人员常常说的疫情暴发，实际情况是某种地方性流行病的发病水平出现了短暂性上升。定量描述疾病频率-发病风险以及其估计的95％置信区间能为决策提供有用的着力点。

9.3 暴发调查

9.3.1 建立病例定义

病例定义是指：满足研究目的具有可操作性的对疾病的定义。一个好的病例定义包括两个部分：①详细的风险群体特征；②详细地描述怎样将发病动物与群体中的其他动物区分开。病例定义应确保所界定的关注结果在空间（如大规模暴发时不同调查中心之间）和时间上的一致性。病例定义一致性之所以重要，是因为能快速对疾病的发病情况进行测量，以便能监测和评估防控效果。

> 参加美国退伍军人协会宾夕法尼亚分会第58届年会的代表中暴发了一种严重致命的肺炎，如果一个病例满足其临床和流行病学标准就被定义是军团病。临床标准为：在1976年7月1日至8月18日发病，出现咳嗽、发热(体温达到38.9℃或更高)或任何程度的发热，并且X射线检查有肺炎。流行病学标准要求：参加了1976年7月21日至24日在费城举行的美国退伍军人协会大会的人，或者1976年7月1日至开始发病期间进入过旅馆A且发病的，均被定义为军团病。
>
> 参考文献：Fraser DW, Tsai TR, Orenstein W, Parkin WE, Beecham HJ, Sharrar RG, Harris J, Mallison GF, Martin SM, McDade JE, Shepard CC, Brachman PS（1977）. Legionnaires' disease-description of an epidemic of pneumonia. New England Journal of Medicine，297：1189-1197.

> 接下来是新西兰卫生部在2009年5月22日定义的感染猪A型流感（H1N1）的病例定义：
>
> 猪A型流感感染的确诊病例被定义为：人出现急性呼吸系统疾病的，经参考实验室通过一个或多个试验（real-time PCR，病毒分离培养，特异性中和抗体有4倍的升高）确认为猪A型流感的。

> 猪 A 型流感感染的可能病例被定义为：凡是与疑似病例有接触且 A 型流感检测呈阳性的人。
>
> 猪 A 型流感感染的疑似病例被定义为：人出现急性呼吸系统疾病且：（a）去过有确诊病例的地区和猪 A 型流感确诊或疑似传播的地区，并在 7 天出现症状的；或者（b）与潜在或确证病例近距离接触的又出现急性呼吸系统疾病的。

9.3.2　加强监测

怀疑有疾病暴发时，加强监测对于发现其他病例很有用处。加强后的监测包含：提高对疾病的认知，使得被动病例报告有所提高和实施针对特定群体的监测。会运用到的技术手段包括通过电话、传真、E-mail 直接与现场调查人员联系，或通过卫生部门网页和讨论组 E-mail 联系。对于大的暴发，利用媒体（出版物、电视、广播）发布信息是极其有效的。

9.3.3　按照个体、空间、时间分布描述暴发

记录农场的平面结构，绘画出结构简图并在图中标注出所有的栏舍，放牧或者其他属性来区分动物间的不同组别。如果场区内放置有饲料，在图上标注出堆放的位置。记录每个栏舍中现有的动物数和该栏舍能饲养动物的最大数量。当你想要计算发病率或流行率时，这些数据能作为计算式的分母。

动物的养殖管理记录，该记录中有动物在整个生产周期中发生的事件。包含：调运、饲养、免疫以及其他（例如：干乳，什么时候做去角手术，什么时候繁殖、什么时候做怀孕检查）和可能暴露的潜在风险因素。最容易做的就是从生产周期的某一个点开始，持续地记录生产管理中的每一个事件。最后再做双重检查，跟另外一个人用同样方法做出来的结果进行比较，确定在这些动物身上到底发生了什么。

记录制度，能让你知道在日常管理工作中什么时间或者为什么总是让动物从这一群转移到另外一群。例如：让泌乳奶牛干乳的制度，也就是泌乳期的奶牛当它的奶产量低于某一个水平时或者到它要生产小牛之前的一段时间，让奶牛干乳。与此相关的问题：以什么样的频率和怎样的时间安排对牛奶生产性能进行评估和移动奶牛。例如：是在每周的特定的某一天进行？检测后的一个月或者什么时候？如果调查关于犊牛腹泻的问题，在干乳期调动牛就可能与腹泻有关。

这些与问题有关的制度，不仅要知道其内容，更重要的是需要知道实际的执行情况。这些制度是否被很好地执行？执行的过程中会不会出现变化？或者

制度根本就没有执行，是一纸空文？继续使用上段讲到的例子，通过评估最近产仔奶牛干乳期的长度来判断干乳制度是否在实际操作过程中被很好地执行了。

收集感染个体（病例）和非感染个体（病例）历史、临床和生产数据。仅仅关注发病动物是不正确的。如果可能，所有病例都应进行调查。如果非感染发病动物数量大，可以选择一个有代表性的样本进行验证（对照）。可以考虑根据病例的一些特征设计相应的对照，如年龄、性别。管理者制定的制度（比如：犊牛应在 30 日龄时断奶），雇员可能不一定按照制定的来执行。

获取详细有关实际操作情况的信息。例如：怀疑一种感染性的病原可能是通过治疗设备传播时，询问该设备是怎样和何时进行消毒的？是在动物之间？有没有先用肥皂清洗？使用的是浓度为多少的何种消毒剂？消毒时间是多久？

收集感染（病例）和未感染（非病例）个体的病史、临床和生产性能的数据。如果可以的话，调查应涵盖所有发病动物。如果未发病个体太多，则应该通过有代表性的抽样来进行检测（作为对照）。你需要考虑用某些特征将对照和病例进行配对，例如：年龄或者性别。

绘制流行曲线，确认索引病例和后来每天或者每周出现的病例数，直至暴发结束。流行曲线是否显示出传播特性和是否具有相同的感染源。

9.3.4　建立假设

本阶段，你应该能怀疑是什么引起了暴发，因而逐渐形成一些假设。下一步工作是利用下面讲述的各种分析方法来验证这些假设。

9.3.5　进行分析性研究

在上述过程中收集到的部分数据应包含个体水平的详细信息：如年龄、性别、品种、分娩日期、生产阶段等。每个个体应该按其所属类型进行归类。袭击率表将所关注的队列分为暴露组和非暴露组。然后在两组中分别都用发病数除以群内个体数计算袭击率（表 25）。

表 25　一起人食品中毒的暴发袭击率

食物	暴露				非暴露			
	发病	健康	总计	AR（%）	发病	健康	总计	AR（%）
火腿	36	5	41	88	2	11	13	15
沙拉	40	4	44	91	9	6	15	60
对虾	16	15	31	52	10	13	23	43

所谓暴露就是指袭击率在暴露个体和非暴露个体间存在着巨大差异。它作为暴发的传播媒介，会使得情况变得更加严重。在表 25 中，火腿暴露组与火腿非暴露组之间袭击率的差异最大。这就能支持火腿是这次暴发食物中毒的根源这一假设。此外，也能通过分别计算各个暴露组（即：分别计算火腿组、沙拉组和对虾组）的 RR（风险比）来证明假设。实际上，就是用暴露个体的袭击率除以非暴露个体的袭击率——也就是说 RR（风险比）最高的那个暴露因素最有可能是暴发的传播媒介。袭击率也能用于计算每种暴露的群体归因分数。归因分数能帮助我们确定在暴露组风险总数中由于风险因素引起发病的比例。当归因分数越靠近 100%，则暴发越可能是由该暴露引起。

9.4 实施防控

本阶段，可以产生关于暴发原因的假设，并且以该假设为基础采取防控措施。书面或口头告知控制暴发的方法。关于如何撰写暴发调查，Gardner（1990b）做了一个很好的概述。

用于监视干预措施效果的测量方法一定要恰当。这使得我们能对事态的发展进行评估，并且当事态发展不如预期时，能在第一时间修正防控方案。可以设计其他类型的流行病学研究（病例-对照研究，前瞻性的队列研究）并实施。你或许会用到更复杂的分析方法处理已收集的数据（例如：多因素分析）。

Dozens become sick from food tainted by salmonella

Three sent to hospital with severe symptoms

SCOTT ROBERTS
STAFF REPORTER

At least 75 people are sick and three are in hospital after eating a Mother's Day buffet tainted with salmonella bacteria last Sunday at the Royal Botanical Gardens in Burlington.

About 300 people attended the brunch. Health officials have only been able to contact about 170 and are expecting the number of ailing people to rise.

"This is a very high attack rate for salmonella," said Dr. Bob Nosal, medical officer of health for the Halton Region. "Right now about 40 per cent of those contacted are ill. We usually don't see numbers that high."

Nosal said this strain of salmonella was potent, causing severe diarrhea and vomiting in many victims. Other symptoms include fever, nausea, headaches and abdominal pain.

Public health investigators are trying to pinpoint how the salmonella poisoning occurred, which specific foods were involved and who was to blame. They obtained 14 food samples from the buffet, which have been sent off to the Ontario Public Health Laboratory in Toronto for testing. Results are expected in a few days.

Health officials are also administering detailed questionnaires to those who attended the brunch in hopes of finding the cause. They are also asking for stool samples from those who became ill.

Royal Botanical Gardens contracts out its food services.

Halton Region public health officials would not disclose the name of the catering company responsible for the Mother's Day meal. Royal Botanical Gardens officials were not available for comment last night.

The Halton Region Health Department is not allowing the catering company to prepare any more buffets at the Royal Botanical Gardens until further notice.

"My understanding is that there haven't been significant problems or issues with this catering company in the recent past," Nosal said.

图 44：一则关于因自助午餐污染而暴发沙门氏菌感染的报道。源自：The Globe and Mail（Toronto，Canada）Thursday 19 May 2005。

10　文献评价

本章学习目的：
- 用自己语言描述评价科学文献所要考虑的四个方面。
- 解释内部有效性和外部有效性的意义。
- 解释合格群体和研究群体的不同。

10.1　简介

阅读文献是跟踪最新进展及更多了解所关注的特定科学领域的必要手段。幸运的是，似乎并不缺乏需要阅读的文献，网络提高了查找科学文献的能力（无论是在线杂志发表的综述性文献或杂志网页上发表的文献）。虽然网络使信息广泛传播，但是信息质量各不相同。作为一个称职的科学家，应该识别该阅读什么样的文献，更为重要的是阅读文献时该相信什么。评价文献的系统方法可以提供这方面帮助。以下是评价流行病学文献的系统评价方法的概况，包括：
- 描述证据；
- 评价研究内部有效性；
- 评价研究外部有效性；
- 将结果与其他证据进行比较。

10.2　描述证据

评价科学文献的第一步是准确了解被评价的关系及被检验的假设。文献读者应该能够确定暴露变量和结果变量。同时必须将研究进行归类：以其设计的形式（调查、病例控制、观察的队列、干预的队列）；被研究动物源群的定义；适当的标准和被比较的不同动物群的参与率。

一旦确定了研究的主题，有必要对主要结果进行总结——暴露与结果的联系是什么？是否可以用简单的图表表示主要结果，是否可以从文献中获得用于计算相互联系（相关风险、比数比率，比率的不同）的方法及具有统计意义的合适试验。

10.3　内部有效性

10.3.1　非因果关系解释

确定了所描述的研究，下一步是评价其内部有效性——也就是，对所研究的对象是否有证据支持其暴露和结果的因果关系？以下三种非因果机制可以产生评价结果：

- 结果是否会受偏倚影响？
- 结果是否会受混杂影响？
- 结果是否会受可能变化影响？

将所有这些非因果关系解释分开考虑且其考虑顺序非常有用。如果观察存在严重偏倚，任何数据分析体系都解决不了这个问题。如果存在混杂，那么评价分析可以（在多数情况下）解决这个问题。在考虑偏倚和混乱的情况下，可以进行主要研究结果的可能变化评价。

10.3.2　病因的明显特点

10.3.2.1　是否存在正确的时间顺序？ 如果存在因果关系，假设病因的暴露一定发生在结果出现之前。在比较暴露和非暴露研究对象的前瞻性研究设计中，二者的比较建立在保证开始研究时研究对象通常没有出现所关注结果的前提上。在回顾性研究中很难搞清楚时间关系。必须注意，确保可能的病因事实上都在结果出现之前就已经发生。

在所有的研究中，不只是回顾性研究如此，有一个难题是在生物学意义上所关注结果的发生可能在结论的识别和记录之前的很长且不确定时间之内（例如某些癌症）。

10.3.2.2　是否存在很强的联系？ 联系是病因可能越大，则相关风险越高。当被检测的因素与病因路径的生物学事件越接近，相关风险越高。

联系很强的事实也可能是非因果关系的影响，可是如果所观察的联系是偏倚引起的，则偏倚必定非常之大因此很容易被确定。如果很强的联系是由于混杂引起的，则暴露与混乱的联系非常密切，或混杂与结果的联系必定非常密切。

10.3.2.3　是否存在剂量-应答联系？ 在某些情况下，平稳剂量-应答联系与偏倚引起的确定联系相互矛盾。通常希望是单向的剂量-应答关系，且应该慎重考虑不符合剂量-应答关系的证据。

10.3.2.4　是否具有联系的一致性？ 病因联系可以应用到广泛的研究对象上。在一项研究中确定的联系与其他不同组群研究对象确定的联系一致，是此种联系就是病因的有力支持。困难是，需要大量数据评估不同组群的研究对象的联系是否一致。即使数据足够充分，仍需要根据其优先地位确定被比较的亚群。

10.3.2.5　是否具有联系的特异性？ 关于一种病因和一个结果的特殊联系是二者具有因果关系的很好证据，一直存在争议（即暴露于特定病因因素会引起特定症状）。

观察吸烟与癌症及其他严重疾病的发病数量联系引起了吸烟对健康负面影响的争议，因此显示了吸烟和癌症的非特异性，使吸烟与肺癌有联系的假设不大可能存在。

如果不将其作为一个绝对标准，特异性可能非常有用，因为一种病因事实上可能会产生不同结果，一种结果可能是由不同病因产生的。这个概念在研究设计中通常非常有用，因为检查应答偏倚可能会特意收集关于被比较的畜群的相同因素的信息（畜群之间结果相同表明观察没有存在偏倚）。

10.4　外部有效性

如果研究的内部有效性很差，那么就没有继续进行研究的必要。如果对研究对象的结果不真实，则不能将结果应用到其他研究对象。

10.4.1　研究结果是否可以应用到合适的畜群？

研究畜群（被研究的畜群）和合适畜群（符合研究标准但没有被研究）的关系应该被完整记录。必须认真考虑由于没有被研究的缺失，因为不是随机的，缺失的原因可能与暴露或结果相关。

10.4.2　研究结果是否可以被应用到其他相关畜群？

重要问题是：不是被研究的对象是否"典型"，而是是否可以将研究的结果与暴露之间的联系应用到其他畜群。为了评估这一适用性，需要确定影响联系的因素。

在教学型医院里，多数是用病人做试验。如果对某种特殊肿瘤的新型疗法在试验中有效，因此打算将这一结果应用于此地区医院的发病阶段、肿瘤类型及年龄都相同病人，虽然试验病人不能说是此地区一般或统计学意义上医院病人的代表。

一般来说，将一组研究对象的结果应用到另一组，从生理学角度来说困难不大，但从文化和社会心理影响来说困难很大。

示例:

1950年,Doll和Hill开展了一项前瞻性队列研究来确定吸烟和死亡率之间是否有关联。研究群体选择了英国医生,主要原因是他们更容易被长时间跟踪记录。因为他们需要注册才能工作。尽管用医生的群体来代表英国人的群体会带来高度的偏倚,但是由于吸烟对医生造成死亡的影响与对其他人群的影响是一样的。因此,这一研究有很多的接受度。

参考文献:Dou R,Hill AB(1956). Lung cancer and other cause of deathin relation to smoking. A second report on the mortality of British doctors. British Medical Journal 2,1071-1076.

Elwood J(2007). Critical Appraisal of Epidemiological Studies and Clinical Trials. Oxford University Press,London, page 334.

10.5 将结果与其他证据进行比较

对于许多临床问题,可以收集不同研究得出的大量证据。在这种情况下,必须考虑证据的质量等级。假设所有的研究都是在其设计限制内操作适当,所得信息的可靠性可以根据以下情况进行分级:

1. 随机试验。
2. 队列研究和病例-对照研究。
3. 其他比较研究。
4. 病例系列研究、描述性研究、临床体验。

随机的临床试验,如果试验操作合理且试验对象数量合适,会提供最好的证据,因为其具有可以解决偏倚和混杂的独特优点。

10.5.1 一致性

这是用来判断联系是病因的最重要特点。认为结果一致要求在大量不同的研究中观察其联系,各个观察都可以被解释为表现病因事实,且多种研究方法及多个研究畜群以确保在所有研究中不可能出现同样的偏倚或混乱因素。缺乏一致性就不是病因。

10.5.2 特异性

两次研究结果不同可以被解释为非一致性或特异性,取决于在比较之前假设是否不同。如果假设不同，但是可以找到假设不同的合适的机制，或如果发现假设不同本身具有一致性，则需要根据假设表现出的特异性对假设进行修改。

10.5.3 合理性

合理性指根据相关机制的现有知识，所观察的联系在生物学上是可以理解的。

但是任何引人注目的新观察都可能发生在生物学思维之前，没有合理性可能反映了生物学知识的缺乏，而不是观察错误，例如：

● 25 年前，在分离到霍乱弧菌前及疾病可能是由水传播的规律被普遍接受之前，John Snow 有效控制了伦敦的霍乱。

● 在 150 年前在相关致癌源被分离之前，Percival Pott 揭示了暴露于煤烟和阴囊癌症的因果关系。

10.5.4 相关性

如果联系符合评估的暴露和结论分布的一般特点，认为联系是相关的。因此如果肺癌是由于吸烟引起，在不同人群中不同时间中肺癌的发病频率应该与这些人群在幼年吸烟的频率有关。

如果所研究的暴露变量仅引起少量发病比例，其他因素的巨大影响可能使总体上不一致。

第二部分

动物卫生经济学

11　动物卫生评估与规划经济学

本章学习目的：
- 定义用于动物卫生的经济学概念。
- 理解宏观与微观经济学之间的差异。
- 理解供给和需求的概念。
- 理解价格弹性的概念。
- 用动物卫生的例子定义机会成本。
- 解释对畜牧生产企业进行经济分析时为何要适当调整通胀的影响。
- 解释单利和复利的区别。
- 解释术语"贴现"和"复利"在动物卫生项目评估中的意义。

11.1　简介

近年来发生的跨界动物疫病、食源性动物疫病和地方流行病已经提出了许多有关动物卫生和生产方面的经济学问题，包括：

- 如何确保既对畜产品合理定价（粮食安全），又减少或消除养殖和加工体系扩散疫病的风险（食品安全），同时保证动物福利？
- 什么是应当分配给预防和检测外来疫病、新发疫病的最优资源水平？
- 在分配控制和根除地方病的公共资源时是否有依据？
- 在动物卫生系统中，要改善来自动物疫病控制投资的社会福利，官方兽医部门和私人机构应该扮演什么角色？动物疾病状态的改善应该考虑所有社会经济群体，包括穷人和富人、生产者和消费者的需求。
- 在国际层面上，跨界动物疫病控制的职责体现在哪里？国际社会应该如何对待那些穷困并有畜产品出口潜力，但难以达到世界动物卫生组织/世界贸易组织的规则要求而进入有吸引力的出口市场的国家。

经济学是一门处理商品的生产和分配的社会科学。它提供了在同一个经济体系内不同用途、不同群体之间分配稀缺资源的分析方法。在"资本主义"系统里现代经济学解决的是市场内生产者和消费者之间的相互作用，并设法满足他们的需求。

现代经济学的目的是提供"积极"的客观分析,例如社会经济关系中可证实的事实,并由此得出经济系统运行的基本原理。它不直接涉及规范本身,而是关于在经济过程中应该如何发挥作用的价值判断。

经济学的研究一般分为两个领域。**微观经济学**分析个体生产者和消费者的行为,侧重于研究影响个体生产、消费水平以及商品间组合的因素。**宏观经济学**分析整个经济体,研究的主题包括国民收入、收支平衡、总储蓄和投资。

发展经济学已成为处理发展中国家具体问题的一个经济学分支。这门学科试图分析和解释可用于刺激经济增长的经济政策,如价格管制、补贴和税收,以及投资基金进入某些领域的渠道等。涵盖的主题包括对贫困表现和原因的分析,对第三世界国家农业和工业部门之间差异的分析,以及向城市地区发展偏倚程度的分析。发展经济学从经济学角度围绕技术选择、失业和就业不足、移民和土地改革等问题进行考察。

项目评估涵盖项目实施前的经济学分析和项目实施后的项目评价,是经济学原理在基于社会成本效益决策分析中的实际应用。项目评估包括测算数年的成本和效益,并按照特定的规则对它们进行比较,以确定一个特定的项目是否盈利。

经济学在疾病控制政策中的应用

经济学在三个层面有助于政策制定和动物卫生的决策:

● 经济理论从整体上解释了生产者和消费者的行为,以及这些行为对价格结构和经济产出的影响。在畜牧部门,它解释了经济因素如何影响生产者:他们是如何决定生产什么和生产多少,什么样的价格是他们可以接受的,为什么扩大或缩减生产,在他们特定的活动领域里投资多少。它也解释了畜产品需求背后潜在的经济因素,它们如何影响购买产品的数量和结构,以及在不同的情况下如何定价。不同畜牧生产体系的经济要素可以通过收集个体企业的相关信息,利用经济理论的知识来分析生产者和消费者如何互动。一个特定的畜牧生产体系可以用经济术语来描述——通过查看其产出的价值以及投入的成本来计算生产商的收入、贸易商和其他中间商的收入,以及消费者最终支付的价格。

● 确定了相关生产系统的特征、消费者和生产者之间的相互作用后,就可以检查和预测行业中的变化带来的经济效应。这些变化包括影响投入或产出价格的变化、由改善动物卫生状况而致的技术系数的变化,其中投入产出价格变化会影响消费者的收入(并进一步影响需求)。

● 最后,经济学分析技术使人们有可能整理这些信息,以便提供基本的排序,比较不同的方案、项目或措施,并评估其整体的经济可行性。

但是,不能只基于经济学的考虑做出决策。首先,必须由相关专家(比如兽医、畜牧专家、社会学家、管理专家)对任何建议措施的技术可行性进行检查。其次，必须保证畜牧部门规定的政策和目标的整体兼容性。最后，从组织和社会角度对其可行性进行验证。

11.2　理论方面

11.2.1　供给和需求

价格在经济决策中起到"标签"或度量标准的作用。货币是商品价格在现金经济中的"单位"，尽管实物交易可以固定它们的相对价值。例如，如果每千克肉 3.00 美元，一升牛奶 1.50 美元，在不使用货币时，2L 牛奶可以换 1 千克肉，也可以用新西兰元、澳元或者其他一些可以接受的货币支付。

从历史上看，价格理论开始于商品具有一种稀缺价值或需要生产它们的劳动价值。在现代经济中，考虑到生产成本和消费者愿意支付的价格，价格是由供给和需求的相互作用决定的。对于大多数商品，价格的上升增加提供的数量，但需求量减少。这种关系见图 45。

如果供给等于需求，则认为市场处于价格为 P_0 的"平衡状态"（P_0 也称市场出清价格）。P_0 是待售商品可被全部买走的价格。商品价格较高时，供给超过需求——此时生产者愿意提供更多，但消费者不愿意购买。反过来同样道理，如果价格低于市场出清价格，消费者都争相购买，但生产者不愿出售或生产，此时，需求量超过了供给。在现实的市场内交易时，交易双方会不停地讨价还价，直到达成一个双方都同意的价格，否则消费者会决定不买或生产者不卖。

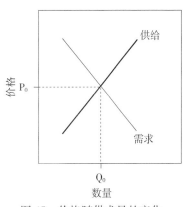

图 45：价格随供求量的变化。

上述关于价格理论的讨论提出了几个在不同的经济研究中确定价格时需要考虑的问题，可概括如下：

● 由于价格上涨使大多数货品的需求量下降，政府可以通过设置一个较低的价格刺激需求。相反，政府也可以通过设置高的价格降低需求。可以通过补贴来支持低廉的价格，通过购置税抑制高价格。

例如，对消费者来说，可以通过设置一个较低的价格鼓励牛奶的消费，通过给生产者提供补贴来支持。同样，新投入的生产系统，如化肥和牲畜品种改良，可以通过补贴它们的成本加以鼓励。在缺乏对人为调价的支持时，黑市就会出现。

● 不同的消费者会对同样的商品支付不同的价格。比如，因为运输成本，如果从另一地区或国家进口商品或在偏远农村地区销售，可能会花费更多，杂项开支（日常管理费用）高的零售店产品可能更昂贵，而在大批量销售时通常比较便宜。如果一件商品经过多次转手后才出售给最终消费者，价格会更昂贵，因为在此过程中的每个中间人都希望赚取一些利润。这些都是价格变动的常见原因。

● 一个更精细的影响是个别消费者的议价能力。在市场上，一个人可能在价格谈判上比另一个人更好或更坏。在更大范围，个人价格的付出可能依赖以下因素：在社会上的影响力，卖方是否希望赚取名誉，或认为买方富有并有能力支付更高的价格。所有这些影响在黑市里加剧。

● 由政府补贴或税收影响的每件商品都会存在多种价格，它们包括：（a）消费者所支付的价格，其中可能包括购置税或去除了补贴部分的价值；（b）生产者接受的价格，这是采购前已添加购置税的价格或消费者支付的加上政府补贴的价格；（c）通过税费带来的政府补贴或税收的费用；和/或（d）国家成本，这大致相当于支付给生产者的价格。一种政府税收或补贴，是在纳税人之间转移的补贴或税收，谁缴纳谁受益，无论是接受补贴或源自税费的财政投资。

> 在阿根廷的肉类出口猛增之后，2001 年的市场崩溃迫使政府让本国货币（比索）浮动并贬值。牛肉作为阿根廷饮食的一大主食，因大量被转移到海外市场导致其价格大幅上升。
>
> 2006 年 3 月 8 日，在试图控制不断上升的国内牛肉价格未果后，阿根廷政府禁止牛肉出口 180 天（除预先安排的出货量和希尔顿配额）。5 月 26 日，通过配额取代禁令，6 月至 11 月间牛肉的出口量相当于 2005 年同期的 40%。此禁令和配额背后的思想是要增加国内肉类的供应，以降低国内价格。

11.2.2 弹性

前一节中所讨论的供应和需求的概念已被大大简化。在实践中常常出现由于价格上涨的一般规律导致需求下降和供应量上升的偏差。为了能精确测量供给与需求是如何响应价格的变化，建立了弹性的概念，是由等式（28）表示：

$$供给（或需求）的价格弹性（PEoD）=（-）\frac{数量的百分比变化}{价格的百分比变化}$$

$$(28)$$

弹性应被表示为正数。减号放置在需求价格弹性的方程之前，因为价格上涨时需求下降,使得整体结果为正。该价格弹性越高,消费者对价格的变化越敏感。

一个非常高的价格弹性表明,当一种商品的价格上升时,消费者对其消费数量急剧减少;当该商品的价格下降时,消费者对其消费数量急剧增加。一个非常低的价格弹性则正好相反,意味着价格变动对需求量的影响不大。一般情况下:

- 如果 PEoD > 1,则需求是价格弹性的(需求对价格变动敏感)。
- 如果 PEoD=1,则需求是单位弹性的。
- 如果 PEoD < 1,则需求是缺乏价格弹性的(需求对价格变动不敏感)。

> 一个产品原价是 9.00 美元,新价格是 10.00 美元。以原来的价格,每年售出共 150 个单位。以新的价格,每年售出共 110 个单位。要计算价格弹性,我们需要知道:①数量需求的百分比变化,d(数量);②价格的百分比变化,d(价格)。
>
> d(数量)=(110−150)÷150
>
> d(数量)=−40÷150
>
> d(数量)=−0.266 7
>
> d(价格)=(10−9)÷9
>
> d(价格)=1÷9
>
> d(价格)=0.111 1
>
> PEoD=d(数量)÷d(价格)
>
> PEoD=−0.266 7÷0.111 1
>
> PEoD=−2.400 5
>
> 由上可知,当价格从 9 美元上涨到 10 美元时需求的价格弹性是 2.400 5(忽略负号)。结论是商品是价格弹性的,并且需求对价格变动是敏感的。

要反映畜产品需求将如何随着时间发展,必须考虑收入的变化。一般而言,商品的需求趋于随着收入的增加而增加。然而,当人们变得越来越富裕时,他们会减少被认为是次级品的消费,如很便宜的切割肉类或衣服。

弹性的概念在动物卫生控制政策的制定和评估中有以下实际应用:①有益于对畜牧业的理解,特别是在价格和收入变化时,确定供给和需求相应的未来走势;②当为不同的动物卫生干预措施设定价格,并向生产者收费时,它是非常重要的。图 46 显示疫苗接种的需求和疫苗价格之间的假设关系。

在图 46 中,需求弹性不同,个体接种疫苗的价格从 0.50 美元下降至大约 0.10 美元是非常有弹性的,而每次接种花 0.75 美元时相对缺乏弹性。因此,在该群动物中,为确保 80% 左右的接种覆盖率,有必要提供免费的疫苗接种。

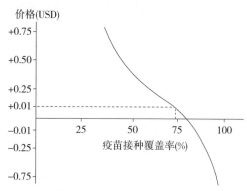

图 46：根据疫苗成本估计的疫苗接种覆盖率。

若要覆盖 80% 以上的畜群，则需要向畜主付费来确保对他们的家畜进行接种。如果接种疫苗的单位成本超过 0.90 美元，据估计，只有不到 5%～10% 的畜群将被接种。

　　对一个自愿接种疫苗的活动来说，假设 75% 的接种率被认为是有效的，那么兽医服务收费的最高金额为 0.10 美元。如果每剂疫苗收费是 0.12 美元，并且分配和管理的平均成本是 0.27 美元，需要每剂补贴 0.29 美元。如果大量购买，该疫苗可能会更便宜，在每个接种期每剂疫苗分发和管理的成本可能会因为更多的动物而下降。

　　经验表明，这种对畜牧生产者接种疫苗机会反馈的分析并不总是与事实相符。在某些情况下，当接种疫苗免费时，生产者避免让他们的动物接种；而一旦收费时，生产者反而给他们的动物接种疫苗。这并不是经济理论应对现实的失败，而是生产者相信免费接种疫苗可能不如那些收费的。因此，从经济角度来看，他们的决定是很理性的：花时间集中动物做没有价值的免费接种是不值得的，而接受真正有益的疫苗接种才是值得为之付费的。

11.2.3　生产要素和耐用品价格

　　到目前为止，我们已经分析了价格，把商品当成被彻底购买的生活消费品。耐用品和各种生产投入的价格稍微复杂一些。有四个生产要素需要考虑：

- 劳动力，可以分为不同的等级。
- 土地，包括自然资源。
- 资本，涵盖了货币本身和生产商品，如牲畜和机器。
- 企业或管理。

　　生产要素与其他商品一样服从供需关系的定律，但对它们的需求被描述为派生的需求，因为它依赖用来生产的产品的需求。只要给定了足够的生产条件信息、价格和最终产品的需求，就可以构造一个不同生产要素的需求投入-产出经济估算模型。

生产的许多投入和绝大多数耐用品通常由两种方式购买：

①完全购买，这表示所有者可以使用一个特定的投入或从一个特定的耐用品的全部收益赚取所有收入。

②租用或雇用，使购买者在既定期间内能够使用。

因此，一个耐用的消费品，如电视机，可以拥有或租用。用于生产（拖拉机、耕牛、收获设备）的机器可租用或拥有。劳动力通常是由个人按小时或每周固定工资租用。机械和建筑物意义上的资本可以拥有或租用。货币（如现金）既可以拥有（在这种情况下，所有者可以通过它赚取收入），又可以以每单位支付的形式出租。这种"租金"通常称为作为每单位时间的借款利息。同样，土地或矿产权可拥有或租用一段时间。

根本上讲，所有相关投资或项目评估基于这样一种概念：个人或国家掌握的各种投入或生产要素都应该被用来获得可能的最高收入。因此，正如一个人不应该以每年 10% 的利息借钱来资助他预计每年 8% 的利润投资，当有 10% 收益率时，一个国家不应该投资在回报率为 8% 的项目上。

11.3　用于经济分析的价格

对于项目评估或预算，主要的经济投入在于价格的选择，因为它假定作为成本和收益主要组成部分的技术投入来自负责确保项目技术可行性的专业人员。正如所有推导物理参数的假设必须规定清楚一样，必须清楚每次价格或一组价格的起源或来历。确定哪些价格可以用在一个特定分析中的简单规则是，所选择的价格应尽可能接近从其角度进行分析的个人、公司、机构或国家相关项目的机会成本。

进行特定经济选择的**机会成本**是作为选择的结果必须予以放弃的所有可替代的产品或消费的成本。

> 机会成本是你本可以做的（你的时间或金钱），而不是你已经做了什么。比如说你是一名兽医，通常每小时挣 500 美元，你可以花 1 200 美元雇人来粉刷你家，或只花 300 美元，自己花 8 小时来粉刷。
>
> 在这里机会成本为 8 小时损失的工资，也就是 500 美元×8＝4 000 美元。通过选择自己刷墙将会导致您［4 000－（1 200－300）］＝3 100 美元机会成本的损失。

资本的机会成本，是金钱或投资基金的回报率，或是其他替代用途赚取的利率。

从机会成本的概念，可以衍生出**影子价格**的概念。应用影子价格的基本目标是使价格更接近其真实的机会成本，并在项目分析中引导项目的选择，以反映真实社会成本的价格耗尽不同的资源。影子价格可以被定义为人工计算的某些项目的价格，以确保在做决定时，考虑其真实的机会成本。这些影子价格可能会与实际收到或使用它们的时候支付的项目资金不同。

> 一个影子定价的商品的例子是计算公园施工项目的成本时，该公园的价值。可为该公园使用影子价格，以反映对公园附近的社区的正面效应（不可测量）。通过考虑影子价格来提供更合适（和现实）的公园收益的估计。

影子价格一般用于以下几种情况：

● 市场价格不能反映真实机会成本。在政府定价或价格受参与垄断交易的投机者影响时，这是经常发生的情况。

● 特定项目的使用，通过为特定项目人为设置低价实现特定的政策目标，并阻止设置人为高价格的其他项目。

影子价格代表项目的成本和收益的价值在于：①尽可能反映做出选择和提出政策的真实机会成本；②使投入比例较高的政府支持项目或产品看起来相对更有收益，以使政府的政策得到落实。这是因为影子价格给这种投入的人工成本低，人为地产出高价值。

影子价格最常用在两种情况下：

● 劳动力，以货币形式估价是相当困难的。而且，政府往往要鼓励使用当地劳动力比例高的项目，同时保持一个相对较高的最低工资比率。低劳动力影子价格将使此类项目与其他投入当地劳动力的项目相比显得相对便宜。

● 外汇。同其他任何商品一样，外汇是一个市场商品。它是由出口、接受援助的硬通货、进口花费和外债偿还等方面积累而来。低价外汇意味着当地货币的价值是很高的。进口产品人为便宜，但出口却人为昂贵，因此没有竞争力。这反过来导致外汇进入该国的数量减少。为了解决这个问题政府实施进口限制，例如采取配额制度、许可或禁止某些商品进口。确保项目节省外汇的选择方法之一是使用高的影子价格。

如有需要影子价格可用于任何商品。举例来说，如果政府的政策目标是提高一个国家某一特定群体的生活水平，则可以用影子价格为该群体所得收入赋予比其他群体更高的价值。

表26提供了尼日利亚用不同的技术控制采采蝇的成本比较。外汇的影子

价格按当时流行的黑市奈拉(N)汇率计算。计算劳动力的影子价格为 N 1/天。这是基于当地非行政部门支付的利率，还基于对农业部门内替代盈利做出的估计。由于劳动力影子价格比市场价格 N 2/天低，其效果是降低成本。外汇的影子价格是每英镑 N 2.10 元，不是官方的汇率 N 1.40 从而增加了成本。

表 26　尼日利亚用不同的技术控制采采蝇的成本比较

每平方千米成本	地面	直升机
田间成本的分解（%）:		
杀虫剂*	16.7	35.4
劳动力**	43.2	2.7
飞行时间*	—	52.0
工作人员	19.7	4.5
车辆运行和维护	3.4	2.6
设备折旧*	17.0	2.8
总计	100.0	100.0
新申报面积的平均田间费用（N）:		
没有影子价格	87.0	238.0
有劳动力影子价格和外汇	82.0	342.0
调整和杂项的平均田间费用（N）:		
屏障重喷	5.0	0.2
再入侵和残余点的重喷	35.0	109.0
员工成本	100.0	24.0
所有其他运行单位的份额	130.0	29.0
总计（N）:		
没有影子价格	270.0	162.2
有影子价格	272.0	210.0
最终成本（N）:		
没有影子价格	357.0	400.2
有影子价格	354.0	552.0

* 外汇成本。

** 本地劳动力成本。

考虑到要选择地面和直升机喷药杀虫技术之间的市场价格，每平方千米的成本差异不是很大，分别为 N 357 和 N 400。然而，90% 直升机田间费用由外汇构成，而地面喷雾的外汇仅占 34%（即 35.4%＋52.0%＋2.8%＝90.2% VS 16.7%＋0＋17.0%＝33.7%）。此外，地面喷雾成本的 43% 支付给本地劳动力，而只有 3% 的直升机喷洒的费用被用于此目的。把影子价格考虑进去，由此产生的费用每平方千米的地面喷洒为 N 354 和每平方千米直升机喷洒为 N 552——一个实质性的不同。

通常，不建议在政府框架内工作的个人尝试使用他们自己计算的影子价格。理想情况下，负责规划和评估的部门应该给予明确的指引以便使影子价格是可以接受的。如果没有这一点，个人应以市场价格做初步计算，而且只有当他们觉得有强有力的证据来清楚说明这些是什么以及它们是如何得出的，他们才会应用自己的影子价格。因为影子定价是一个复杂的问题，在试图分配影子价格给商品和资源之前应该去征求专业经济学家的建议。

11.3.1 财务和经济分析的价格选择

在经济学研究中，要对财务和经济分析进行区分。财务分析检查个人、企业或机构的任何特有活动的财务影响，是从个人或公司的角度关注实际支出与收入，在这些分析中使用的价格通常是市场价格。而经济学分析研究的是特定活动对整个经济的影响效果，所使用的价格应接近其机会成本，因此可包括影子价格。由于这些分析是从整个经济的角度来看，故所有价格均为扣除购置税和补贴的。

正如从个体（公司或机构）角度开展的研究考察的是特定活动对个体的影响一样，所用的价格也必须是那些个体面对的。因此，对在黑市上购买所有的补充饲料喂牛的农民来说，政府补贴价格的应用是没有意义的。以补贴价格提供补充饲料的成本是政府处理和销售的费用加上补贴的价值。而如果是一名商人，以更高的价格出售，减去自己的运输、装卸和储存等成本才是饲料带给他的利润。这些都是财务的观点。

在涉及大多数农畜产品加工的经济评估中，应该使用所谓的"出厂价格"，即支付给生产者的价格。由消费者支付的零售价格包括不构成产品真实价值的中间商获取的利润、运输和处理费用等。出厂价格被人为固定，可以使用反映其黑市价格的影子价格。特定项目的世界市场价格仅适用于以下两种情况：①这些价格正在被普遍应用；②为之进行评估的政府或机构需要世界市场价格。

11.3.2 通胀因素调整：价格转换和价格指数

应对通胀自然要对价格进行讨论。出于项目评估、预算或其他经济、财务活动的目的，常有必要把当前价格（即发生的年度的价格）转换为选定基年的价格。因为任何成本（C）是由价格（P）乘以数量（Q）得到：

$$C = P \times Q \tag{29}$$

对任何年份，如果根据这个公式，三个项目中的二个已知，那么基年的价格是已知的，成本能转换成基年的价值。典型的，有必要将 n 年的特定项目或企业的成本转换为基年 0。由于该项目或企业是一样的，这意味着：

$$Q_0 = Q_n \tag{30}$$

因此

$$C_0 = C_n \times P_0/P_n \qquad (31)$$

也就是说，在年度 n 的成本可以通过乘以基年价格（P_0）与年度 n 价格（P_n）的比值转换为年度 0 的成本。有时这一比值是由一个固定量货物价格指数的形式表示。

通常指定基年 0 的价格为 100，这样价格变化会显示为价格在 0 年的百分比。因此，随着价格的变化，计算每年价格比 n（P_n/P_0），再乘以 100。同样，要将年度 n 的成本转换为基年，应当除以价格指数，再乘以 100。

表 27 列出 1991—1996 年新西兰牛奶固形物每千克出厂价格。

表 27　1991—1996 年新西兰牛奶固形物每千克出厂价格

年　　份	每千克牛奶固形物（新西兰元）	基年 1991—1992
1991—1992	2.98	100
1992—1993	3.25	109
1993—1994	2.90	97
1994—1995	3.00	101
1995—1996	3.60	121

如果 1 千克牛奶固形物，在 1991 年是 2.98 新西兰元，1995 年是 3.60 新西兰元，如果我们设定 1991 年为基年，［（3.60÷2.98）×100］，则 1995 年的价格指数是 121。

这意味着，在 1991 年 15 000 新西兰元能购买的牛奶量，在 1995 年将花费［（121÷100）×15 000］＝18 150 新西兰元。

通常经济学家评估项目时都会面对一系列延续多年的开支数字。如果无可用的详细信息，可以用政府统计部门公布的价格指数分析，或者可以将这些指标从现有的关于价格和数量信息汇总到一起。除非将多年的成本已转化为固定价格计算，否则对它们进行比较是毫无意义的，因为任何减少或增加可能完全是由于价格的变化。

任何一个项目经理、策划者或个别财务规划必须预先收集成本和价格信息。理想的情况应当记录所有的数量、价格及费用。事实上，由于目标是按固定价格比较支出或收入，所以记录总成本和单位价格就足够了。价格系列之外的物价指数便可以使支出和收入转换为基年值。这是最实际的做法。另一种方法是要记录购买或出售全部数量。当比较支出和收入时，都可以转化为当前的成本，因为数量和当前的价格是已知的。

　　消费物价指数（CPI）是大多数国家统计机构计算的几个价格指数之一。CPI 是一种统计估计，其构成采用的是定期收集的代表性项目样本的价格。分类指数和子分类指数是由不同类别和子类别的商品和服务计算的，与联合产生的综合指数结合，反映了其在消费者支出总额的总体指数中的份额和权重。CPI 可用于反映（即调整通胀的影响）工资和货物的实际价值。

　　2009 年第一季度新西兰奶农收到的每千克牛奶固形物为 6.10 新西兰元，什么是 2013 年第一季度等值的数额呢？2009 年第一季度新西兰的总消费物价指数是 1 075，2013 年第一季度的总消费物价指数是 1 174。重排上述 C_0（公式 31）的表达式：

$$C_n = C_0 \times (P_n/P_0)$$
$$C_n = 6.10 \times (1\,174/1\,075)$$
$$C_n = 6.66$$

　　2009 年第一季度牛奶固形物 6.10 新西兰元的支付等值于 2013 年第一季度的 6.66 新西兰元。该牛奶固形物的支付价格在 2013 年预计为 7.00 新西兰元。

11.4　复利、贴现、年增长率和年贷款偿还

　　本节介绍了年增长率、通胀和复利及贴现的计算公式，实际上，是扣除复利。

11.4.1　简单与复合增长（或利息）率

　　如果假定数量（牲畜种群，一笔钱，一种价格）每年以百分比在增长（人口增长，利率或通货膨胀率），这种增长可以解释为简单或复合增长。表 28 说明了一笔钱（100 美元）在过去的 5 年里以 10% 利率的两类增长。

表 28　单利与复利

单位：美元

第 n 年	单利			复利		
	开始时的数量	挣得的利息	年末的数量	开始时的数量	挣得的利息	年末的数量
第 1 年	100	10	110	100	10	110
第 2 年	110	10	120	110	11	121
第 3 年	120	10	130	121	12	133
第 4 年	130	10	140	133	13	146
第 5 年	140	10	150	146	15	161

简单增长只以初始总额的百分比来计算，所以每年增长的数值总是一样。因此，单利的增长只是在初始投资（100 美元）的总额上，以固定的 10%（10 美元）的量增长。复合增长是以每年相同的比例乘以初始总额加上前一年增长额的总和来计算，所以每年的增长率也随之增加。因此复利不仅是本金，而且包括已经积累的利息支付。在给出的例子中，过去 5 年的利息支付增加从 10 美元到 15 美元。

在实践中，几乎所有形式的年增幅都是在复利的基础上计算的。在账户里利息总是全款支付，所以如果去掉个人前一年的利息（10 美元）一般只适用于单利，银行只剩下原来的总和（100 美元）。人群和畜群增长率每年都以上一年全年的数量为基准，因此增长率再次复合。年通胀率同样如此。如果现值（PV）和增加年增长率（i）是已知的，未来值（FV）可以计算如下：

$$FV=PV\ (1+i)^n \tag{32}$$

通过重排这个公式，可以得出 3 个进一步的公式，这 3 个值中的 2 个是已知的，使得要么计算现值（PV），要么计算增加年增长率（i）或提供的年数（n）。

目前房屋的通货膨胀率估计为每年 2.7%。你的房子目前价值 250 000 新西兰元。5 年后你期望多少钱卖掉这所房子？

$n=5$

$i=0.027$

$PV=250\ 000$

$FV=PV\ (1+i)^n$

$FV=250\ 000\ (1+0.027)^5$

$FV=285\ 622$

5 年后你可以期望超过 285 600 新西兰元卖掉你的房子。

2003 年，国家估计，为保证 2010 年提供足够的牛肉每年至少屠宰 300 000 头牛。目前在国内，2003 年牛的数量是未知的，但每年全国牛群的增长率是 3.5%，12% 的屠宰率被认为是合理的值。在 2003 年国内需要最小的牛种群数量能满足 2010 年的需求？

在 12% 的屠宰率下，300 000 头的屠宰牛意味着 2010 年的牛存栏数量的 12% 至少要满足这一需求。因此：

$FV=300\ 000\div0.12=2\ 500\ 000$

$n=2010-2003=7$

$i = 0.035$

$PV = FV / (1+i)^n$

$PV = 2\,500\,000 / (1 + 0.035)^7$

$PV = 1\,964\,977$

为满足2010年的需求，2003年牛存栏需要至少196万头。

在2010年开展农业普查，牛存栏估计为 5 350 071 头。2000年，牛的数量为 3 897 136 头。牛群的年增长率是多少？

$PV = 3\,897\,136$

$FV = 5\,350\,071$

$n = 2010 - 2000 = 10$

$i = (FV \div PV)^{1/n} - 1$

$i = (5\,350\,071 \div 3\,897\,136)^{1/10} - 1$

$i = 0.032$

牛群的年增长率为3.2%。

如果利息率设定为5%，那么投资多久可增加其面值的1倍？

$FV \div PV = 2$

$i = 0.05$

$n = \log(FV \div PV) / \log(1 + i)$

$n = \log(2) / \log(1 + 0.05)$

$n = 14.2$

在5%的利息下，需要14.2年使票面价值为投资时的1倍。

11.4.2 贴现及复利表

贴现是将未来值转换成现值的过程。习惯于用在项目评估中，当考虑未来的成本和收益流时以确定它们的总值。对不同年份的项目通过计算其现值分开"贴现"，然后将它们加在一起计算总现值。

表29比较了在第0年投资1 000美元的未来价值和赚取从第1到10年的利息，同样的金额在第0至10年收到的现值。

表 29　贴现及当前复利和未来值

第 n 年	10％利率下 1 000 美元的未来价值	10％利率下 1 000 美元的现值
0	1 000	1 000
1	1 100	909
2	1 210	826
3	1 331	751
4	1 464	683
5	1 611	621
6	1 772	564
7	1 949	513
8	2 144	467
9	2 358	424
10	2 594	386

从表 29 可以看出，今天 1 000 美元的价值，当贴现率为 10％时，10 年后将只值 386 美元。然而，如果在 0 年投资 1 000 美元，以 10％的利息，在 10 年后它将价值 2 594 美元。该转换因子是相同的：

$$FV = 1\ 000 \times (1 + 0.10)^{10}$$

$$FV = 2\ 594$$

$$PV = 1\ 000 \div (1 + 0.10)^{10}$$

$$PV = 386$$

11.4.3　贷款偿还

每年必须偿还的平均金额和在过去的 n 年里以 i 的利息贷款的本金可以采用平均资金回收或摊销的因素去偿还利息，这可以从贷款人需要的本金推导计算每年固定偿还利息，在过去的 n 年以 i 的利息使得 PV（全部还款）等于借出的金额。每年和等量偿还是年金的一种形式。

在经济中实际支付的市场利率包括通胀，因为通过投资它来赚钱，需支付的利息率必须高于通胀率。但经常不是这种情况。例如，如果通货膨胀率是 15％，而利息率只有 12％，利息的实际利率为负（-3％）。真实的利息率定义为市场利率减去通货膨胀率。贴现率应该通常反映真实的利息率。

12 畜牧业生产经济

本章学习目的：
- 理解适用于畜牧生产企业的生产函数的概念。
- 提供畜牧生产企业中的实际例子，企业应该有恒定的产出对应给定的投入，产出递减投入减少，产出增加则投入增加。
- 理解术语：总产量（TPP）、平均产量（APP）、边际产量（MPP）和弹性生产（ε_p）。
- 理解收益递减规律。
- 用术语 TPP、APP、MPP 和 ε_p 描述畜牧业生产的三个阶段。
- 解释将如何确定畜牧业生产企业最有利可图的生产水平。

为取得畜牧业生产活动最大的回报，需要的知识包括：①农业实践-技术和畜牧业；②如何分配资源，开办和关闭农场，以及如何应对外界经济力量。生产经济学的逻辑提供了在牲畜单位、养殖场和农业企业水平上的决策框架。生产经济学原理研究应阐明成本、投入产出的概念并合理利用资源实现利润最大化和/或成本最小化。基于这些原因，在农场中设置利润和效率最大化系统时，生产经济学的原理是非常重要的。

12.1 生产过程

下面列出了试图优化畜牧业生产时的常见问题：

①什么是高效的生产？

②如何确定最盈利的投入？

③什么是大量投入的最佳组合？

④什么样的企业联合体将最大限度地提高农场的利润？

⑤农场生产将如何应对产出价格的变化？比如牛奶或肉。

⑥家畜农场主应该对某种耐用品投入多少？比如拖拉机。

⑦如果管理者不确定畜牧业生产水平（例如，由于传染病的原因），他们应该做什么？

⑧技术变革将如何影响产出？

为研究畜牧生产过程，需要将投入加以区分并分为以下几类：

● 可变投入：可由家畜系统控制并随所产出的家畜产品的水平有所不同。例子包括饲料、人工授精和兽医护理。

● 固定投入：不随分析周期而变化。它们是基础设施的投入，如建筑，也可以包括动物本身的投资。

● 随机投入：不受家畜生产者意志影响的投入，如天气和投入与产出的市场价格。为简化它，经济分析通常假定这些随机投入是恒定的。概括地讲，重要参数变化时结果的稳健性需要进一步的工作加以考察。

12.2　投入和产出之间的关系

对畜牧生产或加工企业的管理，无论是大型商业公司或小型饲养户，都要求确定使用适当的投入水平。这需要使用有关投入产出及投入产出价格之间技术关系的信息。畜牧生产系统的基本过程是产出水平直接与投入量相关的生物学过程。

恒定生产力是指固定投入增加每单位可变投入使得家畜产出也等量增加（图47）。这种关系类型最好的例子是大宗项目，如新的动物栋舍设施的增加。

递减生产力是指每增加一个单位的可变投入，畜牧总产量增量少于上一单位产出增量（图48）。生产力递减的一个例子是肉牛增加蛋白质补充剂。

递增生产力是可变投入每增加一个单位，畜牧总产量增量多于前一单位产出增量（图49）。这类反应一般仅见于投入水平非常低时。奶牛一个干奶期过后奶量的补偿性增长就是一个例子。

图50a所示的曲线代表一个理想状态的生产函数。它显示了生产力从增加到递减的各个方面。动物生产系统投入的生产函数不可能是这样的。原因之一是大多数生产过程中有一些残留水平的投入。例如，在一个观察对浓缩饲料反应

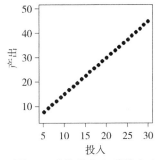

图 47：系统投入和系统产出之间恒定、线性关系的生产函数。

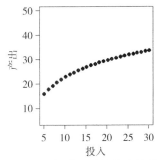

图 48：相对于系统投入的增加系统产出逐步减少的生产函数。

的实验中，参与实验的动物将从饲料中接受一定水平的营养。因此，生产函数的起始部分将不被显示。这种理想化的函数基本应用于提供一个可建立起经济学概念的框架（更现实）。

投入和产出的关系是有趣的，因为它们能被用来定义最有效的生产领域和投入使用的最佳水平。然而，投入使用的生物学最佳水平不一定是经济学最佳水平。投入的经济学最佳水平需要投入和产出价格的知识。介绍价格之前，首先必须看投入和产出的关系，它由生产函数表示。

12.3　生产函数

生产是利用材料（投入、要素或资源）来创建货物或服务（产出或产品）的过程。奶牛产奶的过程是一个实际的例子。

要求土地投入生产草料和饲料，劳动力投入照顾动物，资金投入购买或租动物。这些投入结合起来生产牛奶。所有畜牧系统或农业企业都是生产活动。

生产率被定义为投入和产出之间的关系，并用于衡量效率。生产率是增加每单位可变投入后家畜产出的变化率。在图 47 的曲线中，单个投入增加的水平是相同的，生产率是恒定的。在图 48 中，每个额外的投入单位与以前投入的水平相比产出变小（生产率降低）。最后，在图 49 中，每个额外的投入单位与以前投入的水平相比产出变大（生产率提高）。

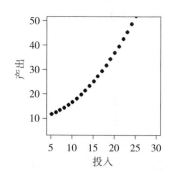

图 49：可变投入每增加一个单位，畜牧总产量增量多于前一单位产出增量的生产函数。

为分析畜牧业生产过程，有必要确定投入和产出之间的定量关系。生产函数是一个面向畜牧场主、畜牧投入供应商或畜牧加工公司的不同技术生产可能性的定量或数学描述。生产函数给出了物理意义上的每个水平投入的最大产出（S）。

12.4　生产经济学术语

家畜系统的总产出被称为总产量（TPP），生产函数可表示为：①理想状态的生产函数；②MPP 和 APP 生产函数。

$$TPP = f(X_1 \mid X_2, \cdots, X_n) \tag{33}$$

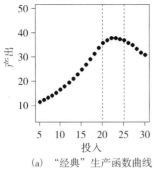 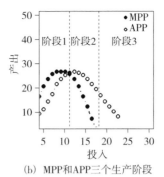

（a）"经典"生产函数曲线　　（b）MPP和APP三个生产阶段

图 50："经典"生产函数曲线和三个生产阶段。

$$\text{TPP} = Y \tag{34}$$

在生产经济学中的生产率有两种不同的测量方式。平均产量（APP）是每单位可变投入的平均畜牧产量。APP 由畜牧总产量除以使用的可变投入的量来计算。APP 测量的是投入转化为产出的效率。APP 的计算方法如下：

$$\text{APP } X_i = \frac{f(X_1 \mid X_2, \cdots, X_n)}{X_i} \tag{35}$$

$$\text{APP } X_i = \frac{Y}{X_i} \tag{36}$$

边际产量（MPP）等于产量的变化除以投入量的变化。因此，如果额外的可变投入 δX_i 产出了额外的家畜产量 δY，那么 $\text{MPP} X_i$ 等于 $\delta Y / \delta X_i$。MPP 等于 TPP 的斜率，表示投入转化成产出的速率：

$$\text{MPP } X_i = \frac{\delta Y}{\delta X_i} \tag{37}$$

$$\text{MPP } X_i = \frac{\delta f(X_1 \mid X_2, \cdots, X_n)}{\delta X_i} \tag{38}$$

生产弹性（ε_p）是指产出变化的百分比除以投入变化的百分比。生产弹性表示的是产出对投入变化的反应。它可以被表示为局部弹性（其中只有一种投入发生变化，所有其他变量值保持恒定）或总弹性（其中所有投入都是等量的变化）。生产弹性计算如下：

$$\varepsilon_p = \frac{产出的百分比变化}{投入的百分比变化} \tag{39}$$

$$\varepsilon_p = \frac{\text{MPP}}{\text{APP}} \tag{40}$$

12.4.1　收益递减规律

在图 48 所示的生产函数里，有一个点，投入的增加结果生产率降低。这个点的最基本形式，是收益递减规律的一个例子。

> 收益递减规律（也称为可变比例法则）阐述的是，如果一种投入被添加到生产过程中，所有其他投入保持不变，此时来自于每单位可变投入的产出增量递减。

注意，上面的定义考虑了一段时期内收益的增加和递减。

12.4.2 生产阶段

APP，MPP 和生产弹性都是从生产函数导出的，在确定农业过程合理的生产范围时是有用的。图 50 在两个图表上都标明了几个阶段，它们代表了经济决策的重要区域。这些阶段描述如下。

在第一阶段，TPP 以增加的比率上升。因此在此阶段生产率提高。在图 50b 中，可以看出，在这个阶段 APP 正在增加，并且 MPP 大于 APP。MPP 也是在这个阶段达到最大值。生产弹性大于 1，表示产出对于投入增加的响应是弹性的。在第一阶段末期和第二阶段的开始，MPP 等于 APP，生产弹性等于 1 并且 APP 达到其最大值。

在第二阶段，TPP 以一个递减的比率增加，因此生产率下降。APP 大于 MPP。在第二阶段开始时使用可变投入的效率达到最大，在第二阶段结束时固定投入的使用效率是最大的。投入的最佳使用在第二阶段的某个地方，取决于投入成本和产出价格。在这个阶段中，生产弹性是在 1 和 0 之间，产出因投入增加的变化可以被描述为无弹性。在第 2 阶段结束时，TPP 达到其最大值而 MPP 等于零。生产弹性也等于零。

在第三阶段，TPP 下降，MPP 为负值并且 APP 正在下降。如果生产商处于生产函数的这个阶段，投入将是浪费的。生产弹性小于零。

12.4.3 充分必要条件

前面的部分定义了一系列生产的范围，在那些范围内不可能以较少投入生产等量产品，也不可能以同样的投入生产出更多产品。生产弹性大于零但小于 1 是生产的第二阶段。这是一个物理的关系，适用于任何经济体系。它在本质上是客观的，是生产的必要条件。

对农牧民而言，必要条件提供了范围较广的投入使用的可能性，需要一些方法把范围缩小下来。这可以通过增加反映畜牧生产者（决策者）确定投入水平的指标来实现。在最简单的情况下，畜牧生产者是一个利润最大化者，这意味着价格是用来确定投入使用利润最大化的点的选择指标。

12.5 单变量投入的利润最大化点

为确定可产生最大利润的可变投入量，并由此生产最大利润的产品，需要知道投入和产出的价格。对单个投入单个产出关系（因子/产品）来说，有三种方法确定这个利润最大化的点：

①为不同水平的投入和结果产出计算利润。

②作利润图线，以确定哪里能达到最大值。

③用代数方法。

用这三种方法检查之前，有必要定义一些附加术语。总产值（TVP）是企业生产的总货币价值，并且可以表示为：

$$TVP = P_Y \times Y \tag{41}$$

其中，Y 等于任何投入水平的产出量，P_Y 是每单位产出的价格。

平均产值（AVP）等于 APP 乘以每单位 Y 的价格，可写为：

$$AVP = APP \times P_Y \tag{42}$$

$$AVP = \frac{Y}{X_i} \times P_Y \tag{43}$$

$$AVP = \frac{TVP}{X_i} \tag{44}$$

边际产值（MVP 或 VMP）等于 MPP 乘以每单位 Y 的价格，MVP 是 TVP 直线的斜率。它可写为：

$$MVP = MPP \times P_Y \tag{45}$$

$$MVP = \frac{\delta Y}{\delta X_i} \times P_Y \tag{46}$$

总可变成本（TVC）是用于生产的可变投入的总货币成本，可写为：

$$TVC = P_X \times X \tag{47}$$

其中，X 等于使用的可变投入量，并且 P_X 等于每单位投入的价格。总固定成本（TFC）是用于生产的固定资产投入的总货币价值。总成本（TC）是生产的所有费用的总货币价值：

$$TC = TVC + TFC \tag{48}$$

利润（π）等于总产品价值（TVP）减去总成本（TC）。利润也被称为净回报或净收益。它可写为：

$$\pi = TVP - TC \tag{49}$$

$$\pi = TVP - (TVC + TFC) \tag{50}$$

$$\pi = (P_Y \times Y) - P_X \times X - TFC \tag{51}$$

生产函数对计算畜牧企业的利润是至关重要的。它将 TVP 与投入量联系到一起，将 TC 和产出量联系到一起。TVP 很容易与畜牧产量相关，它是价格乘以数量。以同样的方式，TC 可以衍生出各种投入量。但是，只有生产函数可以关联投入与收益、产出与成本。

下面的例子将使用上述两个方法为单变量投入的产出来确定利润最大化的点。表 30 提供了不同水平的浓缩饲料喂养的奶牛产奶量的生产函数数据。在这个例子中浓缩饲料的成本是每吨 250 新西兰元。生产的牛奶是每升 0.35 新西兰元。固定成本是每天每头奶牛 5.00 新西兰元。

表 30　不同水平的浓缩饲料喂养的奶牛产奶量的生产函数数据

饲料 (X)	牛奶 (Y)	P_X	P_Y	APP	MPP	AVP	MVP	TVP	TFC	TVC	TC	收益
0.0	15.10	0.00	0.35	—	—	—	—	5.29	5.00	0.00	5.00	0.28
0.5	16.20	0.13	0.35	32.40	2.20	11.34	0.77	5.67	5.00	0.06	5.06	0.61
1.0	17.30	0.25	0.35	17.30	2.20	6.06	0.77	6.06	5.00	0.25	5.25	0.81
1.5	18.50	0.38	0.35	12.33	2.40	4.32	0.84	6.48	5.00	0.56	5.56	0.91
2.0	19.60	0.50	0.35	9.80	2.20	3.43	0.77	6.86	5.00	1.00	6.00	0.86
2.5	20.70	0.63	0.35	8.28	2.20	2.90	0.77	7.25	5.00	1.56	6.56	0.68
3.0	21.80	0.75	0.35	7.27	2.20	2.54	0.77	7.63	5.00	2.25	7.25	0.38
3.5	23.00	0.88	0.35	6.57	2.40	2.30	0.84	8.05	5.00	3.06	8.06	−0.01
4.0	24.10	1.00	0.35	6.03	2.20	2.11	0.77	8.44	5.00	4.00	9.00	−0.57

表 30 包含了有关技术和经济生产率的措施和利润信息。在这个例子中利润最大化点是每头牛每天饲喂 1.5 千克浓缩饲料。图 51a 显示 TVP 和 TC 作为投入的浓缩饲料的函数。图 51b 显示了经济生产率测量值 MVP 和 AVP 作为浓缩饲料的投入的函数。当 TVP 大于 TC 时，使用浓缩饲料是有利可图的。其中 TC 线的斜率等于 TVP 的斜率时利润最大。

单变量投入利润最大化点的代数解

如果利润被认为是投入的一个函数，那么最优投入量为利润最大点对应的投入量。在利润最大点，利润线的斜率等于零。该线的斜率可以通过该线的积分方程来获得。如果之前导出的（等式 49）利润表达式对 X 积分，我们得到：

$$\frac{\delta \pi}{\delta X} = P_Y \frac{\delta Y}{\delta X} - P_X \tag{52}$$

由于这个等式表示利润线的斜率，并且在最大点时斜率等于零，则，我们可以计算出利润最大化点对应的单变量投入：

$$P_Y \frac{\mathrm{d}Y}{\mathrm{d}X} - P_X = 0 \tag{53}$$

$$P_Y \mathrm{MPP} - P_X = 0 \qquad (54)$$

因此

$$P_Y \mathrm{MPP} = P_X \qquad (55)$$

$$\mathrm{MVP} = P_X \qquad (56)$$

这种广义的利润函数利润最大化点的解意味着一种投入使用应该增加到该点，此时最后一单位投入的回报正好等于最后一单位增加的成本。因此，如果 MVP 大于每单位投入（或投入的边际要素成本）的价格，那么可以通过增加投入使用来增加利润。如果 MVP 小于每单位投入的价格，那么通过减少投入使用也可以增加利润。

在上面的例子中，用来识别利润最大化点的表和图形化的解意味着应该使用 20 个单位的饲料，这是不精确的。实际上利润最大化点可以用生产方程式更准确地计算，计算结果略低于 20 个单位的饲料。

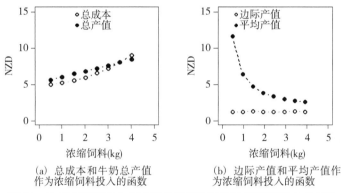

(a) 总成本和牛奶总产值
作为浓缩饲料投入的函数

(b) 边际产值和平均产值作
为浓缩饲料投入的函数

图 51：牛奶总产值和生产率测量值作为不同浓缩饲料投入的函数。

13　疫病成本和控制效益的估算

本章学习目的：

● 理解畜牧生产系统中固定成本和可变成本的区别。

● 理解动物卫生经济学中的长期折旧。

● 举例解释应用于畜牧生产系统的产出和商品销售概念。

● 评估畜牧生产系统中的疫病成本，将资源的损失分为以下几类：（a）直接损失；（b）因动物疫病引起的生产局限造成的损失；（c）次生影响（人畜共患病、对贸易的负面影响）。

● 描述动物疫病控制项目的相关活动组成及分类，解释为何在疫病控制项目中区分固定成本和可变成本十分重要，特别是在发展中国家开展动物疫病防控时。

这一章主要包括用于评估动物疫病成本以及控制疫病成本和收益的方法。动物疫病仅仅是生产系统中影响生产力水平的众多因素之一，常不能孤立对待和考虑。因此，为了有效地评估动物疫病防控工作的成效，必须清楚地理解畜牧生产系统中的相关经济学知识。

13.1　畜牧生产系统中的经济要素

13.1.1　输入和输出

描述畜牧生产系统中经济学方面的因素，包括确定成本和该系统各种投入和产出数量。在投入或成本分析中，可以进行两种有用的区分。首先，可以逐项列出成本和各种相关的生产要素（土地、劳动力、资本）；其次，可以将这些成本区分为固定成本和可变成本。

可变成本从时间周期来看在短期内会有变化，并且直接随产量发生变化，如果产量减少为零，则可变成本为零。固定成本从时间周期来看会在较长时间后才会发生改变，并且即使生产产量降为零，固定成本也在支出。固定成本有时也被称为养殖企业的日常管理开支，其主要包括劳动力用工成本、租金、利率及有关税费、维护和运行费用、一年以上耐用品的折旧等。有时包括一个介于两者之间的中间类别的概念，这些是整体成本，随生产中期产量而发生变化，例如大的资本项目。这些成本与生产产量的关系见图52。

农业预算之间的区别不仅体现于经济和财务分析，也体现于财务和现金流分析。在财务分析中，分析的是企业实际的财务状况。必须对折旧进行计算，因为它反映了年度耐用消耗品的价值或资本项目的减少。现有几个公式，最简单的方法是：

$$年度的折旧＝（替代成本－残值）/生产周期的年份 \qquad (57)$$

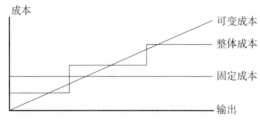

图52：固定、可变及整体成本与系统输出的关系。

残值在此指的是某物体到其生产周期结束时所具有的剩余价值。类似的方法可以用于计算生产家畜的重置成本。重置成本是用于购买一个新的动物的价格。残值是用于支付生产周期已结束的淘汰动物的价格。在公式中可用包含财务预算的固定成本与所谓的"直线折旧"加以计算。

现金流预算包括现金折旧进账和现金支出。现金流预算不包括家庭消费和折旧，但包括借贷收入和偿还。如果借贷偿还和设备折旧一同被列入财务预算中，那么应该去除购买设备的借款，否则会出现重复计算的情况。

在表31中畜牧生产的主要成本按照生产要素的不同被区分为固定成本和可变成本。

表31　畜牧生产主要成本的双向分类

内容	可变成本	固定成本
劳动	每日生产支付劳动、临时工、旅游津贴、奖金	固定员工的工资和薪金
土地和建筑	种子、肥料、农药	建筑物维修费用、租金和利率、贷款、还款、偿还借款的利息、现金流预算
牲畜	牲畜草料、精饲料、卫生保健	用于畜禽更新的净费用要从农场预算的总产出中减去
机械	燃料	车辆和生产机械的维护、运行成本、折旧、利息、偿还贷款（现金流）

在疫病控制项目的分析中将生产中的可变成本和固定成本进行区分是非常重要的，因为由疫病损失或去除生产局限引起的生产水平的变化在不同水平上

影响成本和产出。通常死亡率和发病率的减少会影响可变成本，因为这些成本会随着产量或生产水平发生变化，而这些与动物群体数量密切相关，影响最大的可变成本通常是饲料和兽医成本。

13.1.2　影响产出和商品销售的因素

在大部分以畜群或禽群为基础的自繁自养生产系统中，如何在当前和未来消费之间、现有收入和投资之间做出选择，生产系统自身呈现的都很清楚。所有生产者在某种程度都会在储备和投资未来或当前消费之间做出选择。牲畜生产者可以从两个层面上做出选择：

● 牲畜生产的产品，如鸡蛋、肉和牛奶，可以出售或用于家庭食用或饲喂犊牛、幼畜（以牛奶为例），以提高它们的营养摄入量并影响它们的生存。

● 动物可被保留或屠宰。大部分母畜会保留下来，尽管在一些生产系统中部分母畜也用于屠宰。公畜也可选择繁殖留种、出售或留在畜群中作为现金储备，或者协助维持生产畜群。

分娩、病死率和出栏率对总生产率（GP）的影响可粗略地计算出来，所用计算方法见表 32。

表 32　畜群总生产率的计算，可用每年新进数量减去死亡数量

参考值	定　　义	计算公式
HSS	年初的畜群规模	—
AF	畜群中成年母畜所占比例	—
CR	每年分娩犊牛的母畜比例	—
CM	在断奶前存货仔畜的比例	—
OR	出栏率	—
AM	每年因死亡而从畜群移出的牲畜比例	—
Nr	每年可用的后备畜的数量	$[(HSS \times AF) \times CR] \times (1-CM)$
Nm	每年因死亡从畜群中移出的牲畜数量	$(HSS \times AM)$
No	每年因出栏从畜群中移出的牲畜数量	$(HSS \times OR)$
HSE	年终的畜群规模	$(HSS+Nr) - (Nm+No)$
GP	总生产率	$(Nr-Nm)$

畜群总生产率等于每年新进后备畜数量减去非人为原因减少的牲畜数量。它经常表示为每 100 头牲畜的产量。表 32 中提供了一种计算方法，用来理解如何取舍现在销售还是继续投资等增长后再销售，也就是在现在和未来消费之间做出选择。在这个水平总生产率会因犊牛/仔畜出生率和死亡率等基本生产参数影响而固定下来。而增加的群体是卖掉还是继续育肥是由生产者决定。

13.1.3 家畜价格和产出之间的关系

消费者或生产者对于一个特定项目能接受的价格与买家期望从该项目中获得的收入或其他利益相关。从理论上讲，它可以被阐述为，在自由市场中任何持续数年的投入的价格约等于项目启动至今预期收入的价值。

举个例子，对于畜牧生产系统，这也解释了为什么一头犊母牛会比一头犊公牛具有更高的价值。小母牛一旦怀犊，它的生育能力被证明，价格就会上涨。随着牛的年龄增加，它的价值会不断下降。在表 33 中展示了某个动物的价格随着其生命进程而发生相应变化的例子。

表 33 在马拉维的游牧生产体系中运往屠宰场的不同年龄公牛的价格推导

年龄	死亡率	存活率	存货至 7 岁龄概率	7 岁龄牛推导价格 *	7 岁龄的实际价格
0~1 岁	0.30	1−0.30=0.70	0.51	$120/(1+0.12)^7$ =54	(0.51×54)=28
1~2 岁	0.10	0.90	0.72	61	44
2~3 岁	0.05	0.95	0.81	68	55
3~4 岁	0.04	0.96	0.85	76	65
4~5 岁	0.04	0.96	0.88	85	76
5~6 岁	0.04	0.96	0.92	96	88
6~7 岁	0.04	0.96	0.96	107	103
7~8 岁	0.04	0.96	1.00	120	120

0~1 岁龄动物存活 7 年的可能性是 0.70×0.90×0.95×0.96×0.96×0.96×0.96=0.51。
* 7 岁牛在打折销售后的现值。

在马拉维的游牧生产体系中，用于购买的投入是零，因此每年牲畜价格可被视为既考虑一个动物存活至 7 岁预期概率，又考虑每年屠宰动物价格的现值。这给了一个很好的逼近实际价格的近似值，有助于解释为什么观察到的年轻动物的价格，即使按每千克活重计算，也是相当低的（Crotty，1980）。

13.2 估计动物疫病的成本

对某个动物疫病所造成损失的量化多在动物疫病调查之后进行。一旦明确了该疫病真实的流行率/发病率，并且在地区和国家层面明确了该病感染畜群所造成损失的性质和数量，就需要继续开展相关经济学分析。

- 组织、分类、呈现动物疫病所造成损失的信息；
- 以货币形式量化所造成的损失，选择可反映所用分析的经济或金融本质的价格；

● 识别并尝试量化因某种疫病所造成的间接损失。

13.2.1　量化动物疫病的直接损失

直接损失是直接归因于动物疫病存在而对畜牧生产造成的损失。根据可用信息和研究需要，可以估计出这些损失，数据的复杂程度不同，相应分析方法的复杂程度也不同，由此估计的详细程度也不同。定量估计动物疫病损失有以下两个主要方法：

● 在畜牧生产系统生产参数方面的知识和疫病对生产系统的影响已知的情况下，可建立家畜模型来观察疫病存在和不存在时的输出值。这种模型本质上既包括对几年情况的预测，又包括对处于平衡状态的静态畜群损失的计算。接下来的章节中介绍的方法提供了关于疫病降低特定生产参数效应方面的年度近似值。除了价格可以反映未来产量，由生育能力降低和性成熟延迟导致的动态效应实际上未包含在内。无论是在一个固定规模大小的静态畜群或一个不断增长的动态畜群，动态评价都可以对动物疫病所造成的损失给出最准确的估算。对于某一给定的动物疫病，可以输入该疫病存在和不存在时的所有生产参数的数值。有疫病和没有疫病存在时生产产量的不同可以使用模型来推算。这种类型的评估依赖于对生产体系的深入了解和动物疫病对生产体系的影响程度，在各生产参数间一些小的差异均可被估算和赋值。

● 可估算与疫病相关的每年的损失。可以推测整个研究时段内的损失，与受影响的生产系统畜群中的预期变化一致，与疫病发生发展情况也一致。

有两个计算动物疫病所造成年度损失的方法：①把疫病损失作为动物价值的函数；②依据对生产量所造成的影响估算损失。

13.2.2　估算年度亏损的方法

13.2.2.1　方法1：把疫病损失作为动物价值的函数

死亡率：方法1的概念基础是价格反映了从动物身上获取的预期未来收入，死亡的代价可根据不同年龄、性别的动物价格和每类动物的数量进行计算，如果已知不同年龄/性别牲畜的死亡情况，可进一步使用每一个种类的动物死亡率和价格。其结果是各类别死亡率的一个加权平均数。在表34中，这一方法已用于马拉维瘤牛的计算。如果畜群中不同种类组别的情况是未知的，价格则通常会用动物的平均年龄或中位年龄数值作为一个近似值来计算。通常一些动物因死亡后进行屠宰或急宰时该动物肉的价值可以被保全，该值需从动物死亡率的成本中扣除。

发病率：同样的，如果没有动物发病情况的详细数据，则它的成本可用动物群体产量的整体下降来估算和衡量，主要以百分比表示：（a）受影响动物未来的产量，采用其价格；或（b）来自动物个体或畜群的年度平均产量，根据其生产的牛奶、肉等。

表 34 马拉维瘤牛死亡价值计算

类别	死亡率	价值（K）	加权后价格（K）
犊牛	0.25	25	6.3
小母牛	0.55	110	60.5
公牛	0.06	160	9.6
在役公牛	0.14	110	15.4
总计	—	—	91.8

K＝克瓦查（马拉维货币单位）。

13.2.2.2 方法 2：依照动物疫病对牛奶、羊毛、肉类、仔畜以及畜力等各类终产品产量所造成的损失进行分项列明

死亡率：可按照上述方法计算，或者计算每类（性别/年龄）动物群体或整体平均减少的预期动物价值的现值。

发病率：如果发病率已知，疫病损失可根据观察疫病影响的结果来计算，例如：

- 不孕。
- 流产。
- 发育缓慢和延迟性成熟（繁殖或出售）。
- 牛奶、鸡蛋、羊毛等产量下降。
- 降低牲畜劳动力（对于健康动物或对动物正常工作能力的影响）。
- 动物掉膘、减重或屠宰动物等。

大部分的影响都可通过产量降低的方法方便地计算出来。在一些情况下（例如，性成熟延迟或屠宰重量减少）所受损失可以通过投入价值的浪费较为容易地评估出来。更为复杂的估算包括延期达到性成熟的时间值，通过贴现获得现时的成本值和收益的投入。最终输出的损失可以每年进行评估，并根据动物数量变化或疫病状态变化加以调整。

运用表 35 的方法 2 可评估计算莱索托（Lesotho）因羊疥螨所引起的羊肉和羊毛产量的损失。价值单位是以马拉维马洛蒂（M）来计算。莱索托的羊总数是 1 200 000 只。每只羊每季的羊毛产量是 2.1 千克，每千克价值是 1.74M，则每只羊羊毛产值是 3.65M。回收一只死亡羊的价格是 40M，而一般来说在屠宰场接收一只羊的价格是 50M。

羊疥螨的年度发病率是每 100 只发生 5.5 只，死亡率是每 100 只羊死亡

25 只，感染动物的羊毛损失是 75/100，80% 受影响的羊会出现羊毛损失，被感染动物有重量减少的有 14/100，受感染羊有 10% 的体重损失。

表 35　莱索托区域因羊疥螨造成的羊肉产量和羊毛损失估算

损失于	费用（M）
死亡率：	
羊毛	$(0.055 \times 1\,200\,000 \times 0.25) \times 3.65 \approx 60\,291$
羊肉	$(0.055 \times 1\,200\,000 \times 0.25) \times 40 = 660\,000$
发病率：	
羊毛	$(0.055 \times 1\,200\,000 \times 0.75) \times 0.80 \times 3.65 \approx 144\,698$
羊肉	$(0.055 \times 1\,200\,000 \times 0.14) \times 0.10 \times 50 = 46\,200$
总计：	$60\,291 + 660\,000 + 144\,698 + 46\,200 = 911\,189$

在此阶段中有两点值得注意：第一，选择使用哪种方法进行评估几乎完全取决于可用数据的质量。如果要快速估算损失或者对群体的实际损失了解较少则可选择第一种方法，如果对该疫病的流行情况和流行病学数据了解较多或者开展了针对疫病的特定调查后则选择第二种方法比较适合。第二，对于某个动物疫病可能会很容易高估其损失和疫病控制计划的效益，特别是在使用方法 2 开展评估时。聚焦于某一个特定动物疫病可能会导致这样一种倾向：过高地估计了该疫病的重要性，并将其作为导致动物生产水平下降的唯一原因，而在生产实际中还有其他动物疫病、营养、管理因素。因此，在评估因动物疫病造成的损失时，界定所造成损失的上限是极其重要的，如果可能的话，一般要量化该损失。例如，在一个给定的生产系统中全部动物的总死亡率应不超过 10%。有些动物的死亡可能是由于意外事故、饥饿和疫病造成，更多是疫病、营养和管理因素等共同作用的综合效应。因此，一种单一的动物疫病通常只对应一个有限的死亡率。

同样，在这一系统中，生产产量只会上升到一个有限的水平，这是由最佳饲养管理条件下特定品种的生产性能和繁殖性能等指标的上限决定。在详细列出不孕、流产、生产下降、产乳量下降等因素的影响时，危险在于对每一条目的轻微高估可能出现累积，对联合效应进行定量时可能出现双重计算（如流产和牛奶的损失），以至于过高地将动物最大总产量的减少归因于单一疫病的作用。

13.2.3　造成生产限制的疫病损失

同引起直接损失一样，动物疫病的影响还体现在对动物生产的限制，部分决定于生产者对于可能影响其饲养动物的相关动物疫病风险所采取的措施和努力。动物疫病控制策略可能会对生产地点和生产方式等方面带来变化，如果一种疫病控制策略可以去除对生产的影响和限制，由此变化所带来的好处称之为间接效益。所避免的损失则称之为间接损失。在某些特定情况下如某种疫病的存在对某种生产类型或对特定区域特定动物的使用造成几乎绝对的限制时，间接损失是特别重要的。

例如，在非洲东部由蜱传播的疾病，特别像东海岸热，可能会对外来高性能改良品种牛的引进造成限制。只有认真执行极其高效的由蝇传播锥虫病的控制策略，才能解除该病对农业和畜牧业生产等多方面的影响和限制，比如限制进入和对宝贵土地资源的开发。

虽然量化这些因素是比较复杂的，但还是有可能的。主要包括对相关生产者群体收入变化的估算，去除某个动物疫病威胁后可能出现收入变化，生产者可以改善其现有生产系统或使用新系统。这些收入的变化与疫病控制策略或计划的影响密切相关。

13.2.4　因动物疫病所致的其他损失

人畜共患病。人畜共患病对人类生产生活带来的收入损失和治疗成本是可以量化的，而死亡成本和病痛折磨难以量化。除去这些直接损失，间接损失可能包括对于疫病感染的恐惧以及疫病对于人们活动的限制。

贸易方面的影响，一些疫病的暴发特别是口蹄疫，将会对一个国家的市场出口额度和可行性造成重要影响。损失成本的估算可以假定在一次最初的出口损失后找到一个价格较低的替代市场。

13.2.5　次生影响和无形影响

次生影响是对受影响生产系统的上游部门（如饲料工业）或下游部门（如市场交易）产生的影响，以及相关依存产业的发展。

外部性发生于当一群个体的生产或消费活动影响另一群个体，却没有反映于市场，也没反映在成本和收入时。例如，一个工厂没有为它排放污水造成河流污染而带来的破坏支付费用；某人种植并拥有的一棵树的树荫由其他人免费共享；一个养殖者对其所养牲畜免疫失败可能会危及整个地区的牲畜。

外部成本或外部收益以一定方式被支付时，称为外部性"内部化"。例如，通过立法让一些公司安装设备以无害化处理污水。树的主人可以向坐在下面的人收费。牲畜接种疫苗的失败可以由社区对其征收罚款。在进行经济学分析时，如果外部性没有"内部化"，它们不能反映个体的成本，因为实际上没有人真正为其支付。在经济学分析中，只要有可能实现，就要对相关影响进行估算。例如一条河流的污染成本可以通过对河流中鱼类死亡率和人类健康的影响来估算。免疫失败的成本可以通过该病所造成直接损失来量化其作用和影响。

无形的动物疫病影响，存在但难以量化。人和动物疫病风险对于人类生活质量的影响是一个例子。人民福利和行为可能因为他们不再担心某些特定疫病（如狂犬病、布鲁氏菌病）或者不再担心因牛瘟而失去整个畜群而发生改变。一些方面也许可以量化，但一般只需阐明这种影响实际存在并且也需要被考虑即可。这种方法可能是处理外部性最实际的办法。

13.3　控制动物疫病的成本

动物疫病控制成本因动物疫病自身特点和所采用的疫病控制策略而有所不同，也因实施疫病控制策略的国家和地区而有所不同。理由显而易见：不同组织机构和制度框架、不同的参与和实施人员的收入水平、不同地形特点和不同养殖方式及所形成的不同交通运输方式等。然而，归纳一些适用于相关成本及其组成的普遍原理还是有可能的。

13.3.1　非药物预防

这包括动物生产体系的日常预防性护理和保健。这些成本是养殖者看护所养动物所花费的时间，确保它们有一个清洁的环境等。非药物预防可包括为避免感染特定动物疫病而采取的控制畜禽移动、设置边界和建造围栏等措施。更严格地讲，包括在市场上所采取的保护措施、用于运输家畜及其产品的车辆设施的消毒成本。

13.3.2　医疗措施和疾病的消灭

针对特定动物疫病所采取的直接措施包括：
- 通过诊断和调查识别动物疫病。
- 动物疫病的治疗，通常包括疫病诊断、治疗和后续工作等。治疗是报告的疫病发生率的函数，它本身通常反映了兽医设施、人员的分布以及处理某一特定问题时兽医机构服务的能力。只要疫病在畜群中存在，治疗就有必要持续。
- 预防接种。一旦确定了要保护的群体，则通常以固定的时间间隔重复进行免疫，依据是流行病学研究结果，或养殖者认为可承受保护所养牲畜的免疫成本。
- 传播媒介控制。如果必要，需要按照确定的时间间隔重复进行。
- 抗病动物的选用。这是一种需要通过实验、调查和跟踪研究才能被考虑作为一种疫病控制策略的方式。动物被选用的整个过程都发生费用，计算时需考虑抗病动物间生产率的差别和本应该使用的替代方案的成本。

消灭动物疫病通常包括以上一种或几种方法的强化使用，需要联合应用检测和扑杀策略，也包括大范围的密集监测和调查工作。疫病清除的最初成本很高，但一旦目标达成，成本将会大幅减少。

在比较不同的动物疫病控制策略时，应强调两个方面：

● 成本总体水平和可利用资金之间的相关性。

● 所开支经费的时间年限。治疗和免疫预防还包括了一段较长的时间成本，而清除动物疫病将会对经费开支提出更高的要求但持续较短的时间。在所有的政策中都需监测和诊断且贯穿始终。任何时候，需要对成本的现值加以比较，即贴现成本的总和，而不是各种成本的简单加成。

13.3.3　疫病控制成本的组成

一般动物疫病控制成本主要包括：

● 人员成本，包括行政成本。

● 劳动力成本。

● 车辆折旧及运行成本。

可能涉及的特殊成本，如：

● 水箱及消毒药品等。

● 杀虫剂。

● 疫苗和所用的治疗药物。

● 注射器，针头，冰箱等。

● 奖金报酬和补偿。

在多数日常工作中，尤其是接种疫苗，对成本加以区分是很有用的：

● 实施治疗或预防接种的成本，有时也被称为干预的代价，包括运转兽医机构人员和设施、开展相关治疗或免疫接种所花费的费用；

● 特定设施材料的成本，例如药物、注射器、针头等用于开展治疗和免疫接种所必要的设备和耗材。

13.3.4　在设计疫病控制策略时固定成本和可变成本的重要性

在实际测算疫病控制方法的成本时，明确区分可变成本和固定成本是十分必要的。可变成本包括：

● 治疗药物、疫苗、杀虫剂和杀螨剂等。

● 注射器，针头和其他耗材。

● 人员差旅费及生活津贴补助等。

疫病控制的固定成本及开支费用包括：

- 车辆运转费用（这可被作为一个半变动成本）。
- 长期职工工资。
- 办公运转及管理费用开支。
- 车辆、设备、建筑物等折旧。
- 办公室租金、贷款利息、水、电等。

将这些开支成本分类的主要原因是为了确保固定成本发挥其最大的作用。有些项目会花费巨额的金钱，因为人员的薪资较高且很多昂贵的设备设施没有得到充分利用。

> 在尼日利亚发起的消灭采采蝇的援助项目中，资金援助机构中途对项目资金进行了大幅削减，减到原经费的一半。其固定成本或费用，主要是初级和高级职员的薪水，需要持续支付，因为他们不能拆除采采蝇控制设施，所以无法避免继续支付相关人员工资。已购买设备的不断贬值是另一项开支。在该地区可避免的支出都被"节约"，包括杀虫剂、劳动力以及一定的车辆运行费用等可变成本。这意味着大幅减少喷洒。排除通货膨胀的影响，按恒定价格计算的成本在害虫滋生地区从每平方千米 N 50 的量增加到每平方千米 N 300，而固定成本在总成本中的份额比例由 34% 上升到 53%。

14　动物卫生经济学的 14 个基本技术

本章学习目的：

● 理解动物卫生经济学的部分预算技术，列出（解释）部分预算的优缺点；

● 理解动物卫生经济学的成本效益分析技术，列出（解释）成本效益分析的优缺点；

● 理解条款的净现值（NPV）、效益成本比（BCR）和内部收益率（IRR）；

● 说明畜牧生产单位或项目管理者在使用部分预算或成本效益分析时如何处理其不确定性。

14.1　部分预算

　　畜牧养殖企业在选择动物疫病控制方法时，可应用部分预算来进行简单的经济学比较。部分预算仅仅是对企业程序变化的经济学后果的简单定量。在分析中仅考虑那些受变化影响的成本和收益。这些成本和收益通常按以下四个标题进行分类：

　　①作为计划实施的结果获得的额外回报。

　　②计划实施后不再发生的成本。

　　③计划实施后不再获得的收益。

　　④因实施计划所产生的额外成本。

收入的净变化＝（额外回报＋不再发生的成本）－（不再获得的收益＋
　　　　　　　实施计划的额外成本）

$$收入的净变化＝（A＋B）－（C＋D） \tag{58}$$

　　如果企业净收益的变化大于零，则该变化预期带来的净经济效益为正数。

　　部分预算适合分析商业活动中相对较小的变化。其例子包括奶牛替换策略的变化，采用一个新繁育方法（如人工授精），以及参与一个特定畜群卫生计划（如乳房炎的控制计划）等。农场部分预算的优点在于，所需信息仅仅是疫病控制策略导致的四个因素的变化情况。部分预算的缺点是：

● 计算预算的人在收集信息之前，必须确定生产过程中哪些方面有可能因计划实施而产生变化。

● 与变化相关的成本和效益不是总能够清楚界定，而且不同养殖企业之间财务数据可能有所不同。

● 无法与替代投资（机会成本）进行比较，而且没有考虑结果的不确定性。

● 没有考虑资金的时间价值，换句话说，资金的时间价值假定为零。

Hady 等（1993）采用部分预算分析法评估了四种不同繁殖管理策略对美国密歇根州的一家荷斯坦奶牛饲养场的经济学影响。在当前的情况下比较四种备选方案。方案1包括：（a）减少第一次人工授精（AI）的天数；同时，（b）通过对发情检测投入额外的劳动时间来提高发情期检测的效率和受胎率。方案2为繁殖投入的额外劳动同方案1一样，但收效甚微，方案2没有改变最初的第一次人工授精（AI）的天数和时间。方案3考虑了如果基础条件没有改变，繁殖性能实际可能会降低。方案4评估了改变和预期结果同方案1，但前提条件是牛群基础产奶量降低10%。四种方案的产量如表36所示。

方案1、2、4的净收益变化是正数，方案3的是负数。预期盈利能力最大的是方案1。这个研究表明，在奶牛场计划改变繁殖策略时，也应该考虑替代策略的变化。

参考文献：Hady PJ, Lloyd JW, Kaneene JB, Skidmore AL (1993). Partial budget model for reproductive programs of dairy farm businesses. Journal of Dairy Science，77：482-491.

表36　在密歇根州一家荷斯坦奶牛场输出模型汇总，美国农业（Hady et al，1993）

项　目	方案1	方案2	方案3	方案4
A. 额外回报（美元）				
牛奶产量	21 129	3 702	—	19 101
小公牛销量	2 061	277	—	2 061
淘汰奶牛销售	9 186	1 234	—	9 186
替换销售	—	—	—	—
B. 成本节约（美元）				
营养	3 422	468	—	422
育种	565	32	—	565
替换	—	—	3 233	565

（续）

项　目	方案 1	方案 2	方案 3	方案 4
C. 减少的回报（美元）				
牛奶产量	—	—	5 864	—
小公牛销量	—	—	431	—
淘汰奶牛销售	—	—	920	—
D. 额外成本（美元）				
劳动力，育种	2 409	2 409	—	2 409
替换	15 469	2 077	—	15 469
营养	—	—	715	—
供应服务	—	—	—	—
净收入变化（美元）	18 485	1 227	−4 697	14 022

为了评估用于解决喀麦隆西部高地小规模奶牛养殖场的生产制约问题而采取的干预措施的影响，开展了一项研究（Bayemi et al，2009）。干预措施包括通过人工授精以改进育种、更好的营养供应、培训农场主的牛奶生产技术和提供更好的兽医服务等。该地区的主要的奶牛疫病，按严重程度排序：蜱和蜱传播疫病（巴贝斯虫病、边虫病、心水病）、产乳牛乳房炎、腹泻、口蹄疫、牛流行热，肠道寄生虫病也是很普遍的。

使用部分预算。采用干预措施后，养殖者通过提高劳动力和饲料的使用效率、在场混合精料、共用种公牛等措施节约了成本，每头牛每月的开支花费由48.5美元下降到41美元。另外，每头牛每月的收入从85.40美元上升至95美元，主要由于牛奶销售渠道直接被安排到加工厂，同时销售小公牛和低产奶牛。每头奶牛总净利润估计是17.10美元。

附加收益： 牛奶卖到加工厂，来自牛奶加工的收入、粪肥销售、动物销售、动物原料销售。

节约成本： 饲料、雇佣的劳动力、修理费、牧草、加工材料。

减少的回报： 卖给非正式顾客的牛奶、牛奶消耗和分装、喂给小牛的牛奶、公牛租赁。

额外费用： 兽医费用、育种、租赁土地。

参考文献： Bayemi PH, Webb EC, Ndambi A, Ntam F, Chinda V (2009). Impact of management interventions on smallholder dairy farms of the Western Highlands of Cameroon. Tropical Animal Health and Production, 41：907-912.

14.2 成本效益分析

成本效益分析的基础是将一段时间内归于项目的效益和成本贴现，从而将成本的现值（PVC）和效益的现值（PVB）进行比较。收益的现值是每年收益贴现值的总和。因此：

$$PVB = \sum_{t=1}^{n} \frac{B_t}{(1+i)^t} \qquad (59)$$

同样：

$$PVC = \sum_{t=1}^{n} \frac{C_t}{(1+i)^t} \qquad (60)$$

在公式里：

n＝所考虑的年份；

t＝每一年；

i＝用小数表示的贴现率；

对于从 $t = 1$ 到 $t = n$ 之间的每个值。

14.2.1 贴现率的作用

在成本效益分析中，所选贴现率理论上应该反映投资的实际利率（或投资回报）。它可能是下列之一：

● 一个与将所涉及金额放在银行或其他的投资项目所获得的真实利率相当的利率值；或

● 一个社会时间偏好率（STP），反映了相对未来消费，社会对当前消费的偏好，或为未来几代人提供的消费的相对价值；或

● 一个会计利率（ARI）：如果项目收益少于回报率的项目被拒绝而实施剩余项目，就用完所有可用投资。

贴现率被当作是已使用的货币的"价格"。它实际上是资本的机会成本。贴现应被视为这样一个过程：通过扣除在另一个可选投资赚取的最低可接受回报率（或利率），将未来的价值转化为现值。

在发展中国家所开展的投资项目的贴现率通常选择在8％和12％之间。一般来说，负责项目评估的代理机构或相关国家的中央规划办公室会把贴现率固定在一个其认为合适的水平。否则，最好建议评估者使用10％～12％的贴现率，或尝试分别使用两个贴现率——8％和12％，来观察贴现率的选择会对整个结果有多大影响。

应当指出的是，由于贴现过程使未来的收入和支出相对目前的收入看起来

逐步变小，选择高贴现率将使项目处于高初始支出且效益长期处于较低水平的不利境地。疫病根除计划往往归于此类。对这个问题应予以承认，意识到需要经常使用一个合理的高贴现率，目的是体现资本的机会成本。

14.2.2 应对通货膨胀

成本效益分析的目的之一是以今天的观点评估一项投资的盈利能力或经济上的可行性。只要不改变相对价格，通货膨胀就不包括在内且以今天的基础价格进行估算，所以价格可被转化为某基准年份的恒定价值。这进一步解释了为什么把真实利率作为贴现率而不是市场利率，因为所选价格无法反映通货膨胀。

对事前评估来说，一般将当前年份当作基准年份，即 0 年。在事后评价时，最常使用项目评估时的价格，通常将其年份设定为 n。价格指数可以用来把所有的成本和效益转换为第 n 年或第 0 年时的价值。如果预计相对价格有变化，这些变得更便宜或更贵的商品的价格也必然会下降或上升。请记住，在这些水平上的改变应当根据相对于其他商品的价格综合考虑而进行调整，而不是仅仅是以货币衡量。因此，如果在一年中所有相关物品的价格上涨了 10%，而某个特定商品的价格上涨了 15%，这样，该特定商品的价格其实仅上涨了 5%。实际上，这种计算是（冗长且）复杂的，除非存在某个商品的预期价格会以不同的比率变化的可靠信息，一般情况下使用现时的价格更为简单和安全。

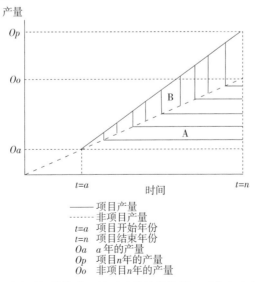

图 53：随着时间的推移，某项目的效益估算：不存在生产上限。

14.2.3　成本效益分析的设计

表 37 展示了如何着手开展成本效益分析，并且给出了决策标准数学公式的应用注释。

在计算效益时，为方便分析经常将它们划分到不同的标题下，如节省下来的疫病直接损失、避免了的早期策略的间接损失和成本等。还能做进一步的细分比如肉、奶产量、因不孕症或消瘦而致的损失。每年收益的总和称为毛利。

有时扣除来自每个利益源的生产成本比较方便，可以是生产的可变成本或生产者自己发生的成本。收益被说成是纯利益。这些通常是隐含的，因为收益是以生产者额外收益的形式来计算的。例如，在一个疫病控制计划中，动物疫病死亡率的减少将意味着更多的动物产量、销售更多肉类、生产更多的牛奶。因此额外生产将生产者包含在饲养和兽医服务的额外可变成本中。如果从产出中扣除这些，将被视为额外收入，所列的收益项将是净收益，这将与同称为总成本的剩余成本比较。如果额外的费用被分别列在生产成本中，就应比较毛利和毛成本。

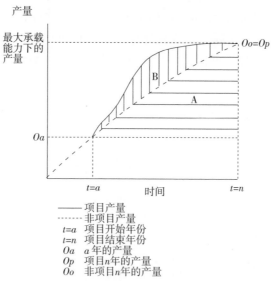

图 54：随着时间的推移，某项目的效益估算：不存在生产上限。

与其将所有成本和效益贴现，不如仅将毛利或净利和毛成本或总成本贴现，在必须计算内部回报率时，可以将每年的增量收益贴现。个体收益和成本资源贴现仅在需要检验总效益中个体资源效益的份额情况时有用。为了这样做，个体现值如下：

$$PVI = \sum_{t=1}^{n} \frac{BI_t}{(1+i)^t} \qquad (61)$$

必须将总现值的百分比或净收益（NB）在公式中加以体现：

$$PVG = \sum_{t=1}^{n} \frac{GB_t（或者NB_t）}{(1+i)^t} \qquad (62)$$

表 37　一个成本效益分析的设计

未贴现值：

年份	BI_t	$\sum B_t$	CC_t	OM_t	PC_t	$\sum C_t$	$\sum B_t - \sum C_t$
1							
2							
⋮							
n							
总计							

贴现值：

年份	$BI_t/(1+t)^t$	$\sum B_t/(1+t)^t$	$CC_t/(1+t)^t$	$OM_t/(1+t)^t$	$PC_t/(1+t)^t$	$\sum C_t/(1+t)^t$	$(\sum B_t - \sum C_t)/(1+t)^t$
1							
2							
⋮							
n							
总计							

关键词：BI_t 在 t 年时个人收益；$\sum B_t$ 在 t 年的总收益；CC_t 在 t 年的资本成本；OM_t 在 t 年的运营和维护成本；PC_t 在 t 年的生产成本；$\sum C_t$ 在 t 年的总成本；i 贴现率。

14.2.4　决策标准

完成贴现后，收益的现值（PVB）将与所有成本的现值（PVC）进行比较。显然，在给定贴现率条件下，如果认为一个项目盈利，收益现值应该超过成本现值，也就是 PVB 应大于 PVC，或者，如果收益现值等于成本现值时的贴现率已知，那么此贴现率应超过资本的机会成本。换句话说，当利息被足够高（使 PVB 与 PVC 相等）的贴现率扣除后，那么利息或回报率应高于以该资金投资另一项目获得的可接受最低回报。因此，如果 PVB 等于 PVC，那么 i 大于 r，当 i 是贴现率用来计算 PVC 和 PVB 时，那么 r 是可接受的最低贴现率。

由此，三个关键决策标准出现了，净现值（NPV）（也成为"现市值"）是以收益现值减去成本现值得到：NPV＝PVB－PVC，或者，用以下数学公式计算：

$$NPV = \sum_{t=1}^{n} \frac{B_t - C_t}{(1+i)^t} \qquad (63)$$

公式中：

t＝个体的年份；

n＝项目评估时所花费年份；

B＝一个给定收益的总和；

C＝一个给定年份所计算的成本总和；

i＝以十进制表示的贴现率。

如果一个项目在经济上是可接受的，则 PVB 应大于 PVC，即净现值应该是正数。NPV 提供了一个以现值形式计算项目总利润的好办法。当净现值用于对项目进行排序时困难也就出现了，因为与总体成本效益的计算结果相比，净现值较低的大型项目的盈利能力和净现值较高但规模小得多的项目看起来没什么差别。

效益成本比（B/C）是用收益现值除以成本现值获得：

$$B/C = \frac{PVB}{PVC} \qquad (64)$$

如果一个项目是可接受的，则该项目的效益成本比应大于 1。效益成本比是将不同大小项目进行排序的一个非常有用的指标，而且它相对来说比较容易计算。当总收益与总成本相比较时，净收益与总成本的比值不同于毛利与总成本的比值。

当 PVB＝PVC 时，内部收益率（IRR）是贴现率 i。

$$IRR = \sum_{t=1}^{n} \frac{B_t - C_t}{(1+i)^t} = 0 \qquad (65)$$

如果 i 大于 r（即，内部收益率 IRR 超过了货币机会成本的可接受最低回报率），该项目就是可接受的。内部收益率在比较项目时是一个很有用的指标，特别是它可以用一个年度回报率来表示。如果有以下情况则不能计算内部收益率：①每年的年度增量收益或现金流、$B_t - C_t$ 值总是大于或等于 0，因为在那种情况下它的总和将不可能等于 0；②年度现金流，$B_t - C_t$ 值在投资期间不止一次发生从负到正的变化——在这种情况下 IRR 可能作为每个变化的标志而存在。仅在项目第一年成本超过收益的情况才能计算内部收益率。这些例子是目前最常见的。

表 38 提供了一个如何获得三项指标的例子。内部收益率的计算只能通过尝试不同的贴现率，直到获得了比贴现率快速上下浮动更接近于 0 的净现值 NPV。

在开展成本效益分析时有一些经验法则可以使用：

● 确认未贴现的收益总额是否超过了未贴现成本。如果没有，项目在任何贴现率下都将是无利可图的。从表 38 来看，收益的总额是 M58 000，而成本总额是 M46 250，收益大于成本。

● 确认成本超过收益的几个年份。在表 38 中，在 1、2、3 年成本大于收益。

表 38　推导出的效益成本比率，净现值和内部收益率采用 12% 的贴现率

未贴现值：

年份	BI_t	$\sum B_t$	CC_t	OM_t	PC_t	$\sum C_t$	$\sum B_t - \sum C_t$
1.00	0	0	10 000	0	0	10 000	−1 000
2.00	0	0	5 000	0	0	5 000	−5 000
3.00	2 000	2 000	5 000	750	600	6 350	−4 350
4.00	4 000	4 000	0	1 500	1 200	2 700	1 300
5.00	5 500	5 500	0	1 500	1 200	2 700	2 800
6.00	8 000	8 000	3 000	1 500	1 200	5 700	2 300
7.00	8 000	8 000	0	1 500	1 200	2 700	5 300
8.00	8 000	8 000	0	1 500	1 200	2 700	5 300
9.00	8 000	8 000	3 000	1 500	1 200	5 700	2 300
10.00	14 500	14 500	0	1 500	1 200	2 700	11 800
总计	58 000	58 000	26 000	11 250	9 000	46 250	11 750

贴现值：

年份	$BI_t/(1+t)^t$	$\sum B_t / (1+t)^t$	$CC_t / (1+t)^t$	$OM_t / (1+t)^t$	$PC_t / (1+t)^t$	$\sum C_t / (1+t)^t$	$(\sum B_t - \sum C_t) / (1+t)^t$
1.00	0	0	8 929	0	0	8 929	−8 929
2.00	0	0	3 986	0	0	2 986	−3 986
3.00	1 424	1 424	3 559	534	427	4 520	−3 096
4.00	2 542	2 542	0	953	763	1 716	826
5.00	3 121	3 121	0	851	681	1 532	1 589
6.00	4 053	4 053	1 520	760	608	2 888	1 165
7.00	3 619	3 619	0	679	543	1 221	2 397
8.00	3 231	3 231	0	606	485	1 090	2 141
9.00	2 885	2 885	1 082	541	433	2 055	829
10.00	4 669	4 669	0	483	386	869	3 799
总计	25 543	25 543	19 075	5 406	4 325	28 807	−3 264

关键词：BI_t，在 t 年度个人利益；$\sum B_t$，在 t 年度的总收益；CC_t，在 t 年度的资本成本；OM_t，在 t 年度的操作和维护成本；PC_t，在 t 年度的生产成本；$\sum C_t$，在 t 年度的总成本；i，贴现率。

在 12% 的贴现率时，净现值 NPV =（25 543−28 807）=−3 264。

在 10% 的贴现率时，净现值 NPV =−1 850。

在 8% 的贴现率时，净现值 NPV =−116。

在 6% 的贴现率时，净现值 NPV =+2 008。

内部收益率 IRR 是 7.891%。

● 确认年度现金流量（PVB－PVC）从负到正一年仅变化一次。在表 38 中，它从负到正的变化是在第三年发生的，而且在项目之后的进程中一直保持为正数。

● 在常规贴现率下计算净现值 NPV。检查确认它是正数还是负数。在表 38 中，在 12% 的折扣率下，净现值是 M－3 264。

● 如果净现值为正，则试验一个更高的贴现率。如果净现值为负，则试验一个更低的贴现率，直到出现从负到正转变标志的净现值 NPV。在表 38 中，在折扣率为 10% 时净现值是 M－1 850，在折扣率为 6% 时净现值为 M＋2 008。

14.2.5 风险和不确定性的处理

风险和不确定性可以通过应用特定结果的概率来处理，或者通过做敏感性分析来观察不同数值或结果对整体结果的影响。也可考虑使用应急准备金，特别是估算成本的时候。

如果某些特定参数有很大的不确定性，则通常进行敏感性分析。但不可能达到所关联的特定值。该分析会为相关条目使用不同数值进行计算，以显示结果对特定参数的数值变化有多么敏感。通常为其尝试不同数值的条目有：

● 贴现率。如果不计算内部收益率，则会尝试几种贴现率。这对于需要较高的初始资金成本而效益只能在较远的未来才能显现的项目来说尤为重要（例如疫病根除项目）。对这种项目使用高贴现率是不利的，因为高初始成本与未来收益相比是一个相对较高的值。

● 价格。可评价几个价格，这可以是影子价格或各种市场价格，不必完全以新价格对项目重新计算；只需通过每年项目开支的内容来计算成本或收益的比例。在某个特定年份贴现成本效益和未贴现成本效益是一致的。不能采用总成本或总收益，除非对于该条目来说成本或效益所占比例每年都一样。确定完该条目成本或效益所占百分比（假设为 X%）后，且价格变化的百分比为 Y%，那么该年总成本（TC）被（$1 ＋X/100 ×Y/100$）乘，其中 Y 显然可以是正数或负数，因此可以表示增加或减少。

● 收益估算。因为项目实现的收益范围经常遭受质疑，所以估算收益的上限和下限（乐观的收益预测或悲观的收益预测）是有用的。这将给出一个项目真实收益中的区间是所有成本效益研究中必不可少的。作为一种选择，可以做一个盈亏平衡分析来确定达到什么水平的收益能保本。该分析应用成本的现值估保本需要达到的收益现值。如果收益的水平总体未知或可通过几种方法获得相同收益，则可以通过比较成本现值来分析不同方法的成本效力。

● 成本估算。成本估算的不确定性可以通过尝试设置不同的价格或通过制定应急保障金来实现。

一旦确定了成本和收益的现值，则成本或收益增加或减少的特定百分比将是可检验的。因此简单来说，敏感性分析可以观察 10％的成本超支或 20％的预期收益不足。

14.3　收益表

简单部分预算适用于牛乳房炎或羊寄生虫病这样的大多数畜牧企业都存在的地方流行性疫病。然而在面对诸如低镁血症或肿大这类散发性疫病，这些疫病在将来某个时间里一定会发生，但不能确定是否在控制计划实施期内发生时，使用该方法会出现困难。

如果针对某个疫病制定了检疫或类似防控程序，而该疫病却在该企业没有发生或没有出现在特定的区域时，则会出现同样的困难，那么此时必须要决定选择什么样的方法以便维持无疫状态。以上两种情况强调的都是疫病损失所带来的风险，因为疫病发生的可能性很大。未采取防控措施的管理者 10 年中可能能有 9 年不会遭遇损失，但在一年中可能会遭遇灾难性损失，因为没有办法确切知道哪一年将会发生该疫病。

表 39 展示了一个部分预算的例子，是在猪舍内采用疫苗接种和治疗（在饲料中投喂四环素等药物）策略以防控传染性胸膜肺炎（由猪胸膜肺炎放线杆菌引起）和猪支原体肺炎（由猪肺炎支原体引起）。

我们可以对以下替代策略进行重复的成本效益分析：①仅用药物；②仅针对支原体肺炎进行免疫。在每种情况下，可能的收益结果是平均日增重（ADG）分别有 0、5％、10％、15％、20％的增幅。除了计算农场收入净变化外，我们提供了对每次干预的特定水平反馈概率的估计。结果如表 40 所示。

在表 40 中，三个控制策略分别对应的预期货币价值（EMV）的计算是以五个水平预期产出的农场收入净变化的加权和的形式完成的。在一般条件下，选择一个决定（A_1，A_2，…，A_i）：

$$A_i = f\ (A_i,\ S_1,\ S_2,\ \cdots,\ S_j,\ P_1,\ P_2,\ \cdots,\ P_j,\ V_{i1},\ V_{i2},\ \cdots,\ V_{ij})$$

$$(66)$$

其中：

A_i ＝所做的决定；

S_j ＝结果；

P_j ＝S_j 发生时结果的可能性；

V_{ij} ＝对每一个行动结果的价值。

表 39　部分预算可计算养殖场年度收入的净变化来评估使用一种药物和疫苗对传染性胸膜肺炎和猪支原体肺炎综合防控的效果

项　　目	合计	总计
A. 余额报酬		
减少死亡率的收益：159 头猪长到 60 千克，2.05 美元/千克	19 526	19 526
B. 节约成本		
节约的饲料：448 吨饲料，400 美元/吨	179 111	
更少猪死亡：159 头猪每天 0.25 小时，9.00 美元/小时	357	179 468
C. 减少的回报	—	—
D. 额外费用		
药物治疗：235 吨混合药物的饲料，140 美元/吨	32 960	
工作手册：50 美元的固定费用＋每月每周 2 小时，9.00 美元/小时	1 536	
疫苗免疫：26 061 头份，1.50 美元＋接种人工成本	41 900	
所需的额外劳动力成本：1.5 年，25 000 美元/年	37 500	113 896
收入净变化（A＋B）－（C＋D）		85 098

表 40　在一个商品猪场实施控制传染性胸膜肺炎和猪支原体肺炎的收益

结果	A₁：只使用药物	P₁	A₂：仅适用疫苗免疫	P₂	A₃：药物＋疫苗	P₃
S_1：0	−79 996	0.2	−59 517	0.2	−94 013	0
S_2：+5%	−28 822	0.4	−8 342	0.4	−42 838	0.2
S_3：+10%	+17 701	0.2	+38 810	0.2	+3 684	0.4
S_4：+15%	+60 178	0	+80 657	0	+46 161	0.1
S_5：+20%	+99 115	0	+119 595	0	+85 098	0.1
EMV	−23 988	—	−7 478	—	+6 032	—

使用 EMV 作为决策的标准，每个活动的 EMV（A_i）将会：

$$EMV(A_i) = \sum_{j=1}^{j} P_i V_{ij} \qquad (67)$$

具有最高的 EMV 是首选的选项。在这个实例中我们估计增加 5％ADG，将会有 40％的概率发生在仅使用药物的选项和仅使用疫苗的选项，然而对于疫苗和药物联合使用的选项我们估计有 40％的概率在单位时间内将会出现 10％的 ADG 增加。由于我们的选择很大程度上依赖于干预增加 ADG 的概率，所以在分配概率估计时保持谨慎很重要。既然这样，基于以上分配的概率，选择药物和疫苗联合使用方案的决定将会产生最高的 EMV，而且是最优选项。

14.4　现金流

现金流是在一个给定的会计期间内汇总概括企业现金交易的财务报表，现金流可分为三类，分别称为经营活动现金流、投资活动现金流和筹资活动现金流。现金流显示的是在报告期间金融资产如何流动，表明某特定项目是否有现金流入或现金流出。在现金流量表中所用的现金这个术语是指现金及现金等价物。现金流量表可在评估企业的流动资产、盈利质量和偿付能力时提供相关信息。

当为控制疫病考虑不同的项目方案时，现金流提供了一个衡量计划程序能力的指标。但无法指出所建议程序是否是一个好的投资。

15 系统建模

本章学习目的：

● 用自己的语言解释，为什么系统建模工作对动物卫生和家畜养殖生产是有益的。并可以举例说明系统建模如何成功地用来帮助在动物健康方面做决策。

● 用自己的语言描述用于动物卫生和畜牧业生产的数学模型和模拟模型二者之间的区别，结合实例列出二者之间的优缺点。

● 描述你将如何处理动物卫生和畜牧业生产中所用数学模型或模拟模型的每个输入变量的不确定性。

在动物卫生和畜牧业生产中，尽管对于病原、环境、宿主等因素之间如何相互作用以影响生产力和疫病风险仍没有全面的了解和认识，但我们不得不做出各种决策。系统建模为解决这些不确定性提供了一种方法，通过整合来自临床和实验研究的现有信息、专家意见以了解一个"体系"（例如，在一个特定地区内的单个或农场群）在输入一系列限定的信息后的结果输出情况。

一个模型可定义为一个物理过程的表现或设计用来增强对该系统运行的认识的系统。开发模型的目的是通过系统组分之间相互作用的表现以了解外部因素对输出的影响，以及传达系统运行方面的观点。用来描述动物群体中动物疫病从一个个体传播到其他个体的途径的流行病学模型通常用一系列数学方程式（数学模型）表示或者将系统的各个组件进行直观的模拟（模拟模型）。在动物疫病管理中，模型的定义可以更为广泛，包括一系列数学/统计学工具，除用于研究动物疫病传播外，还可应用在其他许多方面。

从动物卫生的角度来看，流行病学模型具有广泛的应用前景，可应用的方面包括：

● 研究动物疫病过程。

本章节是基于 Graeme Garner 和 Sam Hamilton 两人的研究内容：Garner M，Hamilton S（2011）. Principles of epidemiological modelling. Revue Scientifique et Technique de I'Office International des Epizooties，30：407-416。

- 对那些与动物群体中持续存在的地方流行性疫病有关的因素建立假设。
- 提供防控外来动物疫病或突发动物疫病风险的建议。
- 评估动物疫病经济学影响。
- 评价不同规模和层次的动物疫病防控策略的效果。
- 评估动物疫病监测和控制计划的有效性。
- 为培训活动提供内容和方案。

模型对于那些不便于实行的、无法开展的实验或临床研究或者对那些过去发生疫情的控制策略进行的回顾性研究等是非常有用的。在疫情流行中使用流行病学模型来直接进行防控决策依旧存在争议，主要的原因是生物系统其实是在不断变化的，并且在日复一日的传染病防控管理中，可能难以做到准确或精确的预测。比如，英国在 2001 年的口蹄疫疫情发生时将流行病学模型作为决策支持的工具，受到了科学界和大众媒体广泛的批评。

15.1 模型的类型

疫病模型与确定性数学模型以及更复杂的空间直观随机模拟不同。该方法依赖于对该疫病流行病学情况的了解程度、可用数据的数量和质量以及由建模练习所解决的特殊疑问。

目前对于模型还没有公认的分类系统。流行病学模型可以根据它们对偶然性和不确定性（确定的或随机的）的处理、时间（连续的或离散间隔的）、空间（非空间的或空间的）和群体的构成（同质或异质的混合）的不同情况来进行分类。

确定性模型在每一个输入参数上都使用固定值并生成一个单一的"平均数"或预期的结果。在另一方面，随机模型在建模过程中包含偶然性元素的输出结果，解释了自然可变性和不确定性。因此，随机模型可以产生一系列可能的结果。时间在模型中可以表现为离散的单元或是连续的过程。连续时间模型可以在计算层面生效但不能真实代表那些无规律的事件。离散时间模型将时间划分为相等的单位，并对每个时间间隔均能逐步地更新群体状态。一个适当的时间单位的选择在很大程度上取决于所要建模的特定疫病、输入数据的质量和所需时间分辨率的水平。非空间模型不需要考虑所研究群体成员间的地理位置关系。在空间模型中，群体成员间的物理距离需要加以考虑以计算该疫病的传播动力学。最后，模型可以假定群体的所有成员均面临同样的疫病感染风险（同质混合），或试图表示群体中不同级别或群组间面临着不同的感染风险（异质混合）。

不同的建模方法适用于调查不同的问题。例如，简单确定性模型在认识疫病的基本传染动力学方面可以发挥作用，但其仅限于作为一个预测工具使用，因为任何一个传染病都是独特的，而没有一个"常规"模式。随机模型的建立更为复杂，但其对于疫病的风险分析特别有用，因为一个疫病风险评估的重要部分就是评估特定疫病管理策略的给定结果中的可变性。空间模型可用于研究在疫病传播中地理因素的重要性以及检验在面对口蹄疫疫情时、扑杀疫点周边易感动物、建立免疫隔离带、实施分区管理等疫病区域控制策略的效果。从历史角度，用于人类和动物卫生的流行病学模型的开发要有一个很坚实的数学基础，需要依靠大规模的行动或链二项式方法来表示不同疫病状态之间的个体移动情况。这些方法包括群体同质混合的相对简单的群体结构和简化了的传播参数以表示疫病的传播情况。尽管这些类型的模型广泛应用于传染性疫病的研究，但它们并不能反映疫病流行病学中空间、环境和社会层面的情况。从疫病管理者的角度来看，疫病是在客观存在的环境、经济、技术、管理、社会政治框架等背景下发生的。空间的影响、群体的异质性和社会行为对于疫病持续存在和传播的显著影响是公认的，而对于动物传染病的控制，经常需要在更优先的措施（例如大规模实施完全有效的控制措施）和操作或经济上更可行的措施之间抉择和妥协。对了解模型复杂因素日益增长的兴趣，有助于更好地了解动物疫病流行病学和管理疫病。

随着计算机性能的提高，将有更多界面友好、操作方便的编程软件供使用。并且随着疫病和动物群体的可用数据的增多（包括空间参考数据），动物疫病模型的适用范围和模型复杂性也不断增加。地理信息系统、遥感数据、网络理论和复杂系统科学的逐步发展将会使新一代的流行病学模型出现。这些新方法包括：

- 充分考虑定位、地理和群体异质性的精细空间模拟模型。
- 使用接触式网络结构的网络模型，以便清楚地了解疫病传播相互作用的复杂模式。
- 以自主实体的集合塑造一个系统的主体模型，这些自主实体可根据一系列规则进行各自的决策并允许实体的行为随时间推移发生相应的变化。

然而，应该记住的是，所用的建模方法应该反映将要回答的特定问题以及对模型可参数化的数据类型。增加模型的复杂性未必能提高输出的质量。任何模型的有效性最终取决于支撑它的数据的准确性和完整性。因此，建模过程是系统复杂程度、数据的有效性和如何将模型参数化权衡的结果。一个模型，是专门设计来回答一个给定时间框架内一个特定群体的问题，可能不适用于其他的群体、时间或场合。

15.2　模型的建立

根据 Taylor（2003）、Law（2005）和 Sargent（2000）等的研究，综合其

研究成果，模型的建立过程应包括以下 9 个步骤：

①阐明所需建模的系统和研究目标。

②收集研究目标群体的信息和数据以及所需建模的疫病的流行病学情况。

③概念模型的开发。

④概念模型的确认。

⑤模型的构想和/或编程。

⑥模型的验证。

⑦模型运行有效性的评价。

⑧敏感性分析。

⑨开展研究——解释模型输出并进行结果交流。

15.2.1　阐明所需建模的系统和研究目标

建模第一个步骤做出的首要决定是模型的整体程度和范围。应明确研究目标、标识出所需建模的系统、选择合适的输出量以监控系统的运行情况。这个阶段非常重要，因为研究目标关系着所建模型的规模、方法、细致程度和所需精确性、准确性。

15.2.2　有关所研究目标群体和疫病流行病学数据的收集

检验目标群体的结构和动力学、疫病传播的相关特征以及感染的控制对于概念模型的发展是必不可少的。在模型开发上这个步骤的目标是展示出可能影响所选模型输出准确性和精确性的一系列相关因素。一旦相关重要因素被确认，则应收集和分析相应的数据以转化为模型的参数。这个阶段包括临床和实验数据的分析、文献综述以及专家的观点意见。模型建立者和相应领域专家（包括兽医、病毒学家、微生物学家、农业科学家、计算机科学家、生物统计学家等）的合作对于概念模型的建立是十分重要的。

15.2.3　概念模型的开发

一个概念模型是所研究系统的文字或图形的展示。理论上来说，它应该用文件来表述所选的建模方法、模型的假设和参数估计。目前有许多不同的建模方法来研究传染病的传播，并且所选的方法取决于手头的具体问题和所用数据的数量及质量。在选择一个特定的建模方法时，开发者应充分考虑模型如何代表研究群体、个体感染的进度、时间的流逝、空间关系、偶然性和疫病的传播等。这些决策和判断将影响用以分析模型结果的方法。需要在模型复杂性和所需数据之间进行权衡，因为数据可用性和质量几乎总是流行病学模型开发中的一个重要限制因素。

15.2.4　概念模型的确认

概念模型的确认是确定概念模型的理论和假设是否适合模型预期用途的过程。一项用于确认的技术是寻求相关领域专家对于模型设计适用性的评价。这被称为"面部识别"，因为它试图确认一个开发模型呈现的表面意义是否能代表关于所研究系统的已知内容。如果所推荐模型是无效的，则应该重新评估它的设计。

15.2.5　模型的构想与编程

一旦概念模型通过确认后，它将可以作为一个方程的系统或计算机程序法进行应用。包括使用：①通用的编程语言（如 Java、C++、Visual Basic）；②描述语言（如 R、MapBasic）；③电子数据表（例如 Microsoft Excel）；④特定的数学或模拟软件包（如 Mathematica、@RISK）。这些软件的选择取决于概念模型的设计和对于概念模型编程的优先选择和偏好。

15.2.6　模型的验证

模型验证是检验概念模型是否已经被翻译成公式或计算机语言并能按预期设计运行的过程。这个步骤可能包括模型逻辑、公式或代码、模型内部组件运行情况的系统检查的评价。如果发现编码或逻辑错误，应根据情况对该模型的代码或公式加以修订和校正。

15.2.7　模型运行有效性的评价

有多种方法评价模型运行的有效性，其中包括：①由专家使用可视化或敏感性分析技术对模型内部运行情况和结果进行主观评价；②将所开发的模型与其他针对同一问题所开发模型的性能加以比较；③用真实系统的结果与所开发模型的内部运行情况和结果进行比较。后一个方法包括将输出与未在模型开发中使用的历史结果进行比较或评价模型预测系统未来运行情况的能力。

15.2.8　敏感性分析

收集高质量的数据以对流行病模型进行参数化是非常具有挑战性的，特别是如果在目标群体中对于疫病病原相关知识缺乏或很少的情况下。对于数据有效性有限的系统，可用敏感性分析评估不确定参数的重要性。敏感性分析包括输入值变化的影响对于模型输出的评估。可以对一个模型的输入参数进行系统性的改变以调查参数估计的不确定性和变化对于输出的影响。如果一个模型的输出对于一个或多个特征性较差的参数比较敏感，那么模型的可信度将会通过增加这些参数估计值的精确性和准确性来提高。或者，如果模型的输出对于不确定参数的变化不太敏感，那么用户对于模型的结果的信心也会增加。

15.2.9 开展研究——解释模型输出并进行结果交流

使用系统模型进行研究的本质依赖于模型的目标，但是经常包括在不同初始条件下进行疫病传播和控制的调查或针对导致不同群体地方流行性疫病传播的相关因素的评价。这主要包括在特定环境下设计假设场景以调查模型的运行情况。

流行病学疫病模型所得到的结果必须可以在假设的情景下进行解释，这些假设的情景是由系统运行情况、建模方法的局限性和所用的数据质量所决定。对于决策制定者和那些受到他们决策影响的人来说，了解所使用特定模型的使用范围及其局限性是十分重要的。作为一般性原则，需要谨慎使用那些还没有用于当前问题并经过充分论证的模型所得出的直接推断。即便如此，对于建立那些可通过实证研究验证的假设来说，这些模型的结果依旧是有用的。

15.3 模型验证

模型是现实世界的抽象化和简化，因此建模研究的结果应该始终被认为是近似值。验证就是评估模型输出的准确性，并且确保预期目的的有效性和相关性。验证模型时并无简单的规则可以遵循，然而，泰勒（2003）提供了一些普遍的指导原则：

- 有效的模型应该具有生物学意义。
- 有效的模型应该能模拟现实生活。
- 有效的模型应该设计为适合使用的。
- 有效的模型不应该过于敏感，以致过多受到不确定参数的影响。

任何模型的有效性最终取决于基础数据的准确性和完整性。在与所研究系统有关的信息不完整以及用于估计参数的数据有限的情况下，期望所用的模型能对生物系统的运行情况进行准确的预测是不现实的。如果一个国家对于所研究的疫病只有有限甚至没有相关的数据，要确保模型的有效性是十分困难的，因为考虑到环境、生产和销售系统的差异，不能假定该疫病在其他国家的流行情况与该国相同。一种提高终端用户信心的方法是相对验证，即建立不同的模型来模拟相同的场景，并对输出进行比较。不同模型结果的一致性意味着每个开发团队的假设具有一定的生物学意义。最后，最重要的是使用模型预测结果的决策者和那些被这些决策影响的人能理解所使用的建模方法的优点及其局限性。

16 线性规划

本章学习目的：

● 用自己的语言描述线性规划作为一种有用的分析方法在畜牧生产领域中的应用。

● 解释影子价格的含义，描述如何利用线性规划决定一个系统输入的影子价格，并如何将该理论在实际操作中得到运用。

农场管理者往往需要对有限的资源进行合理的配置，以期以最少的投入得到最大的回报。这种资源配置问题可以通过利用农场部分或整体预算对各种投入决策的回报预期进行分析来解决。制定预算时，每个单一计划必须是确定的、可评估的，但是对于复杂问题（和养殖场系统），这些运算费事且冗繁。线性规划作为一种统计手段，在预算制定过程中使用同类型的信息以达到最佳的效果（比如，利润最大化、产量最大化、成本最小化）。线性规划问题的基本特征如下：

● 拥有一系列的有限资源以达到预期收益；

● 有多种使用这些资源的途径；

● 目标是使预期回报最大化或者最小化。

在农业领域，线性规划在动物饮食配方（最低成本日粮）和农场经营的组织规划领域应用频率最高。对于最低成本日粮的确定，目的就是通过各种可用饲料混合配比的选择以降低总的饲养成本，同时又满足动物的营养摄入需要。对于农场经营规划方面的应用，就是如何在不同作物和不同类型的畜牧生产等竞争活动中合理分配土地、劳动力和机械设备等资源，以达到农场整体收益的最大化。

假设我们有如下两种饲料喂养某种动物：谷物和草料，同时假设该动物的生长、生产和繁育需要两种营养成分：至少 60 单位的铁和至少 70 单位的蛋白质。我们假设，每单位的谷物含 30 单位的铁和 15 单位的蛋白质，其成本为 10 美元；每单位的草料含 5 单位的铁和 10 单位的蛋白质，其成本为 2 美元。我们的目标是找到能满足最基本日常营养需求的最低的饮食成本。x_1 代表每日每动物的谷物消耗量，x_2 代表每日每动物的草料消耗量，为了达到最低需求，我们需要满足如下条件：

$$30x_1+5x_2\geqslant60$$
$$15x_1+10x_2\geqslant70$$
$$x_1\geqslant0 \tag{68}$$
$$x_2\geqslant0$$

第一个不等式的左边部分表示当使用 x_1 单位的谷物和 x_2 单位的草料时每个动物铁的摄入量，并且必须保证其不低于 60 单位以防止该动物铁摄入量不足。同理，第二个不等式的左边部分表示每个动物蛋白质的摄入量，必须保证其不低于 70 单位。最后两个不等式表示该种动物必须使用谷物和草料，其饲喂成本为：

$$\text{Cost }(x_1，x_2)=10\,x_1+2\,x_2$$

根据上述信息，饲养的问题可表述为：在满足每天 60 单位的铁和 70 单位的蛋白质的摄入量的前提下，如何合理分配谷物量 x_1 和草料量 x_2 以使得饲喂成本最低。

在这个例子中，我们有两个变量（谷物消耗量、草料消耗量）和 5 个约束。在线性规划中，最大化（最小化）的函数称为目标函数。在这个例子中，我们的目标函数就是降低饲喂成本，即 $10x_1+2x_2$。铁的摄入量（$30x_1+5x_2$）约束和蛋白质的摄入量（$15x_1+10x_2$）约束称为主要约束，最后两个约束（$x_1\geqslant0$ 和 $x_2\geqslant0$）称为非负约束。

在该例中只有两个变量，我们可以通过在平面图中画出所有满足约束条件（约束设置）的点的集合，从而找到代表目标函数最小值的点的集合。图 55 中画出了两条线：线 AA′ 代表对铁摄入量的约束，即：$x_2=(60-30x_1)/5$；线 BB′ 代表对蛋白质摄入量的约束，即：$x_2=(70-15x_1)/10$。图中阴影部分代表谷物和草料的混合将可满足或者超过每天对于 60 单位的铁和 70 单位的蛋白质的摄入。这个阴影区域里 x_1 和 x_2 的不同组合称为规划的可行集。

最后一步，就是在规划方案的可行集里找到代表最低成本的点。在图 56 中，我们在方案的可行集里对 x_1 和 x_2 的各种组合计算其每日合计成本，并用不同颜色予以区分（颜色越深代表成本越高）。从图中可以看到，本目标函数的最优解为 $x_1=1.11$，$x_2=5.32$，即 AA′ 与 BB′ 的交点。所

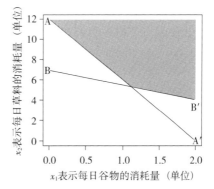

图 55：上图为线性规划问题的图示，通过它可以在每日营养摄入约束和最低饲养成本中确定谷物和草料的饲喂量。

以，为了满足营养摄入约束并使每日饲养成本最低，我们应该每天提供 1.11 千克的谷物和 5.32 千克的草料。

上述例子相对比较简单，而现实情况下我们可能会面临众多的约束条件（一个典型的最低成本问题可能涉及 20～30 个约束条件）。机械规则的精确集发展，已经可以解决更复杂的线性规划问题。这些规则将问题求解过程中每个必须考虑的步骤予以明确，通过试算法找到最优解。这些规则保证，如果有最优值存在，就能在有限次迭代后找到它。

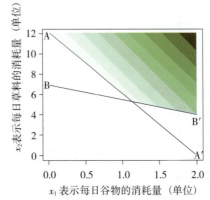

图 56：上图为线性规划问题的图示，通过它可以在每日营养摄入约束和最低饲养成本中找到谷物和草料的给付量。标为绿色部分是方案的可行集，目标函数旨在确定最低消耗成本中 x_1 和 x_2 的值。

16.1 影子价格在线性规划中的应用

跟目标（Z）有关的众多资源经济贡献的信息对于做决策非常有用。资源 y_i 的影子价格测量该资源的边际价值，是关于 Z 变量如何随着资源投入的增加而增加的率。在我们进行资源再分配时，了解每项投入的影子价格是非常有用的，例如，资源 i 可用于创造利润 Z，并且资源 i 的影子价格标示为 y_i。一个正的影子价格意味着，在常规价格下，每多购入一单位的资源 i，整体利润 Z 随着 y_i 总量的增加而增加。或者，如果对资源 i 进行溢价支付，那么影子价格 y_i 就代表了值得支付的最高金额。这一信息在你与供应商进行合同谈判时非常有用。

16.2 线性规划的假设

对于确定线性规划是否适用于一个具体问题以及能否提供有意义的和精确的解答，如下四个假设非常关键。

16.2.1 可加性与线性

可加性假设是指两个或两个以上活动的资源总量必须等于用于每个单独活动的资源总量。同样的假设适用于产品生产领域。这里的含义是，活动之间不存在相互作用。关于线性假设直接来自于可加性假设。线性意味着将一恒定量与一个活动中所有投入量相乘会使该过程中输出结果产生恒定的变化。因此，一个活动的生产函数是线性的。为了反映非线性的生产关系，可以使用线段，并且每个直线段代表一个单独的活动或一个活动的水平。

16.2.2　资源与产品的可分性

可分性假设是指活动单元可分为任何分数水平，从而决策变量有可能出现非整数值。通常，即便采用了整数解的情况下也同样可以应用线性规划。如果获得的结果包含非整数，可以通过四舍五入的方法得到最接近的整数。在某些情况下四舍五入无法提供最佳的解决方案，这时候需要用户做出判断。

16.2.3　有限性

这一假设是指对在分析过程中包括的可选择流程和资源管制的限制。这个数字在很大程度上取决于目前用以解决线性规划问题的软件包的情况。大多数软件包允许成千上万的可选择流程和资源管制。

16.2.4　单值的期望

单值的期望假设基本上消除了线性规划分析（重要）的风险维度。这个假设是指对于资源供应、投入产出系数、商品和投入品价格等方面的确定性。例如，由一个线性规划问题所表示的模型，也应该是对现实的一种反映。假设和近似往往使问题易于处理。在实际应用中常常出现这种情况，即对线性规划的以上四个假设都没有完全把握。在这种情况下，解决办法就是放宽假设要求。非线性的、可分离的和二次规划技术被用来处理非线性函数；整数规划可用于从技术或实践的角度、输入和输出结果为小数时不可行的情况；随机的和二次规划可以通过在预期分布中替换单个输入值，从而合并风险的影响。

17　决策分析

本章学习目的：
- 描述处理动物卫生问题时采用的决策分析方法的主要原因。
- 阐述影响图和决策树之间的差异。相对其他人来说，描述针对利益相关方，在何种情况下会使用何种方法来提出和解释某个问题。
- 对于有一个或两个决策点的问题，构建一个决策树并描述计算每一种行为的预期货币价值（EMV）所需的数据。即对于每种行为，只要提供这个数据就能计算出预期货币价值（EMV）。
- 阐述如何在临床实践中使用决策分析方法。

　　决策分析是用来保证决策一致性的一种分析方法。关键的一点是，决策分析不提供解决方案，而应被看作是一种手段，为身边的问题、在决策过程中的不确定性、目标和协议提供相应的见解。决策分析的目的不是取代决策者的直觉或减轻他或她面临问题时的责任感，也不作为一个特定分析类型的竞争者，同时它也无法用来对一个特定行为做出解释。

　　对于一个成功的决策分析，其最重要的要求之一是区分决策和结果之间的差异。一个好的结果是相对于其他的可能性、我们所评估的未来状态。一个好的决策是与我们感知上的选择、拥有的信息、感觉的喜好等保持逻辑一致性的一种行为。这种区别很重要，因为好的决策还是有可能会导致不良的结果。一个典型的决策分析的步骤概述如图 57 所示。

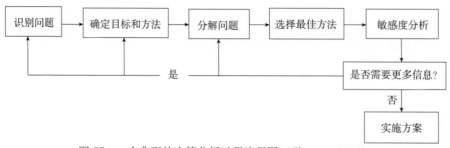

图 57：一个典型的决策分析过程流程图（Clemen，1996）。

17.1　决策要素

一个决策问题的要素包括：①对于所做决策的说明和定义；②不确定事件的识别；③对于每个决策选择所产生的预期结果的描述；④与每一个决策相关预期值的描述。考虑这样一种情况，即在无结核病地区的牛群中发现结核病（TB）的存在。在这种情况下，就需要做出与识别感染可能来源及选择一个合理控制措施的相关决策。在这个例子中，决策是连续的，即对于第二个决策最合适的选择取决于第一个决策。无论做出什么样的决策，都会涉及不确定性（例如：结核病是真阳性还是假阳性）。在这个特定问题中的结果和值包括在不采取行动的情况下可能发生的各种情景。图的使用对一个决策制定的规划远景的确认是有用的，如图58所示。

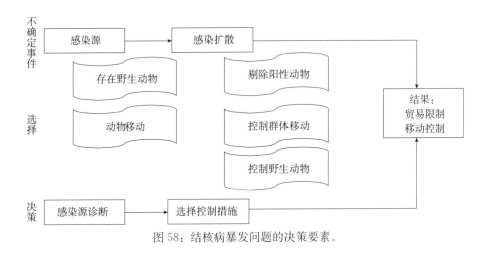

图58：结核病暴发问题的决策要素。

17.2　结构化决策问题

有两种用来描述和构建决策问题的主要方法：影响图和决策树。

17.2.1　影响图

影响图是用一个基本图形来展示一个决策问题。在一个影响图里，一个决策问题的元素由箭头连接的不同形状表示，而箭头表示各元素之间的关系。按照惯例，通常用方框表示决策，用圆圈表示机会事件，用菱形表示结果（值）。这些形状称为节点（决策、机会和值），连接节点的箭头称为弧，在弧形起点的节点称为前身，在弧形末端的节点称为后续，与每个节点相关联的有关细节（结果、选择和支付）等信息都在表中有所体现。

影响图为展示决策问题的结构提供了系统的方法，但它们往往隐藏细节。它们主要是描述性的工具，使得与一个非技术性的对象在问题细节上的沟通更为容易。需要引起注意的是，影响图和流程图这两者之间是有区别的。流程图表示一个决策分析系统中各种事件和活动的先后顺序，而影响图是决策、不确定事件和结果的结构化展示，只是在某个单一时间点及时提供关于决策环境的简介。关于结核病解决实例的影响图如图 59 所示。

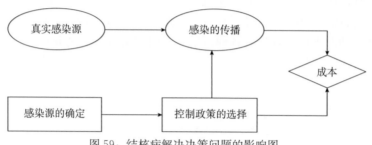

图 59：结核病解决决策问题的影响图。

17.2.2　决策树

一个典型的决策树结构如图 62 所示。想要分析决策树，就需要知道包括与终端节点相关联的效用和与一个机会节点的每个分支相关的概率等定量信息（如图 63 所示）。效用被认为与一个决策树中所有节点共有，并与数值刻度相关。效用可以代表主观偏好以及在货币价值基础上产生的价值。就货币价值而言，从一个特定决策中获取的净效益可以估算为收入减去做出决策所产生的任何费用后的剩余。定量参数可以描述为在随后的灵敏度分析过程中变化的变量。而对于决策树，一个解决方案的获取通常是通过选择能够带来最高预期货币值的选项而实现的，并且由"回溯树"完成。从终端节点开始并向树根移动，在一个机会节点对可能的结果进行加权平均计算期望值。在这里，权重是指每个结果可能发生的机会。在每个决策节点，最高期望值的分支即被选为首选方案。

敏感度分析是确定决策树中重要参数的一种技术方法。根据敏感度分析的结果，分析决策者可能不得不重新考虑决策问题的结构或获取关于所用的个别参数的更精确信息。对一个或多个参数进行修改和对决策树求解效果的检验是敏感度分析的基础。分析结果之一是关于最优决策改变的一个集阈值。敏感性分析可以扩展应用到两个或两个以上的变量。

　　另一种对决策问题各种输入参数进行灵敏度快速检验的方法是构建一个龙卷风图。在龙卷风图中，横轴表示期望值，纵轴则列出了被调查的参数，每一条柱代表通过按指定量改变变量所导致的预期值的变化。柱越长表示变量对期望值的影响越大。把变量按照影响大小的顺序进行排列（例如，把影响最大的放在图表的最上端，把影响最小的放在最下端），这也使得图表看起来很像龙卷风（图60）。龙卷风图是一种展示敏感度分析结果非常有用的方法：知道了哪些变量对感兴趣的结果影响最大，从而我们可以采取一些方法保证它们的真实值。

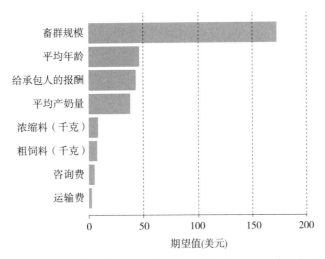

图60：龙卷风图显示了影响一个奶牛场每日总收入的八个因素（畜群规模、平均年龄、给承包人的报酬、平均产奶量、每日饲喂浓缩料的千克数、每日饲喂粗饲料的千克数、咨询费、运输费）。在这个假设的例子中，每日总收入对牛群单位数量大小的变化最敏感。

　　期望值能为特定决策的平均值进行估算，但它不能提供有助于做出"最佳"决策的有关信息。一张风险剖面图将可能值（估计某一事件发生的概率）作为结果估计值的函数。图61展示了一个风险剖面图的例子，在这里，横轴表示结果（从"灾难性的"到"微不足道的"），纵轴表示可能性，同时还将对11个决策情景的评估以点进行展示。在最有利的条件下，情景1和2是有吸引力的，因为它们被估计的结果为"轻微"并且发生的概率被认为是在"不可能"与"可能"之间；相反的情况，情景10和11被估计的结果为"重大"并且发生的概率为"可能"。风险剖面图是非常有用的，因为它们使决策者懂得了在成本、后果、发生的可能性之间的关系并进行权衡。

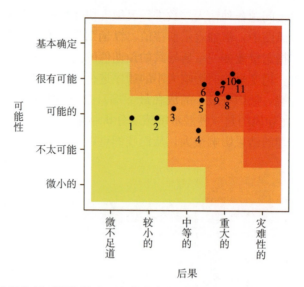

图 61: 一个风险剖面图的例子。矩阵由代表结果和可能性的不同组合单元构建, 颜色通常是用来区分有利和不利的结果, 一旦矩阵构建后, 各种方案均在图中叠加。在这个例子中, 有 11 种可供选择的建议。建议 1 和 2 最受青睐, 因为它们被估计的结果为 "轻微" 而发生的概率被认为是在 "不可能" 与 "可能" 之间。

17.3 案例研究: 边境生物安全的投资

动物卫生机构所做的一个典型决策就是在边境生物安全上投资多少。一方面, 像澳大利亚和新西兰这样的国家执行高级别的边境生物安全措施, 例如使用食品检疫侦缉犬进行检查、对新来的旅客进行仔细问询和对行李进行常规 X 光检查; 另一方面, 实行司法管辖, 如欧盟的边境生物安全措施主要是在到达厅内要求入境旅客放弃高风险食物。在这里需要回答两个问题: 一个是疫病入侵风险到底有多大? 另一个是当某种家畜传染病 (如口蹄疫) 暴发造成的损失是多少的时候能证明花费在严格边境生物安保方面的支出是合理的? 一个严格的措施是昂贵的 (即, 它需要每年高水平的财政投入), 但它能带来降低疫病暴发所造成损失的风险的净效应; 一个强度较低的措施虽然成本不高, 然而一旦疫病发生, 在边境生物安全支出上节约的成本可能很快被消耗殆尽。

在本例中, 为回答这个问题, 我们将使用决策树分析以提供客观依据。需要注意的是, 在这个例子中使用的数据只用于说明使用方法, 如果你打算在你自己的国家进行类似的分析, 就需要对如下列出的每一个成本和概率进行合理的估计。

17.3.1 决策方案

当考虑一个特定决策的结果时候，以决策树的形式有利于问题的排列。一个决策树以左边的决策节点和决策选择开始，在这个例子中有两个决策选择：①实施严格的边境生物安全水平（"生物安全＋"）；②实施一个更宽松的生物安全级别（"生物安全－"），下面的每一个选择的后面列出了所有可能存在的状态和可能发生事件的后果，在这两个选项下面都包括口蹄疫"可能发生"或"可能不发生"两个方面，机会节点（红圈）是用来代表口蹄疫传入的不确定性。如果发生口蹄疫的传入，则随之可能发生两种情况：要么疫病可以从传入的点扩散并发生流行（"传播＋"），要么疫病得到快速检测并且不发生传播（"传播－"）。在这个例子中，口蹄疫的传入没有发生，那么它也不可能发生传播，因此在决策树的每个分支上的相应点为"口蹄疫－"。

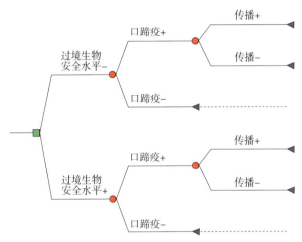

图 62：比较两种边境生物安全措施的决策树。

17.3.2 决策树分析

决策树以从左到右的方式展示事件的发生顺序：第一个是决策节点（绿色方框）表示管理选择，随后是机会节点（红圈）表示机会事件。在决策树中事件的每个路径末端，我们可以看到路径的可视化结果。在构想出问题、考虑到所有可能的备选方案并构建出结果后，我们需要分配事件发生的概率和结果值。本例的概率和值如表 41 所示。这里重要的一点是，每个概率是由它之前发生的所有事件所决定的（在决策树中的指示事件左边的事件）。例如，在我们决策树中口蹄疫传播的概率是在首先发生口蹄疫这个条件下才产生的。

表 41 边境生物安全控制的估计成本，每年口蹄疫传入概率的估计值，一旦发生口蹄疫传入的传播概率和在以下两种情况下的估计总成本：①疫病传入；②疫病传入并传播

结　　果	生物安全＋	生物安全－
项目年度成本	$ 250 000	$ 5 000
口蹄疫传入的年度概率	0.01	0.05
一旦发生传入后的传播概率	0.80	0.80
只传入所需总成本	$ 200 000	$ 200 000
传入并传播所需总成本	$ 8 000 000	$ 8 000 000

从表 41 中我们看到两个决策选择均有风险和收益，主要是对可能造成巨大损失的疫病传入风险和我们提出的边界生物安全控制措施的成本进行权衡。

17.3.3　证据和价值整合

决策过程中的下一步是整合概率估计值和结果值。以决策树为基础，我们可以通过整合事件概率的证据和结果值以得到期望的决策选项，从而计算出结果的平均值。在这里，我们采用了一些惯例。如果需要支出金钱，那么输入的数量为负值；如果收入金钱，那么输入的数量是一个正值。在我们整合了事件发生的概率和结果值后，最终结果称为预期货币价值（EMV）。如果我们遵循正负惯例的话，负的预期货币价值意味着我们需要支出金钱，而正的预期货币价值意味着我们有金钱收入。

在这个例子中，为了找到预期货币价值，我们在决策树右边依次算出每个机会节点的平均值，直到我们回溯整个树至决策节点。计算平均值就是指将每个机会节点的事件结果值与概率相乘，并且依次从右到左持续这样的过程。以每个结果发生概率的加权值（每一个分支路径的概率）计算结果值的加权平均值（分支末端的数字）。在对决策节点（在这个例子中是两个）所有可能的选择进行重复上述步骤后，我们需要决定哪个是最好的选择。在这个例子中，我们要降低成本，所以能获得最大的预期货币价值的就是理想的选择。进一步考虑，替代次优选择的过程称为回溯。求平均和回溯一起统称为回滚。

表 42 边境生物安全控制的估计成本，每年口蹄疫传入概率的估计值，一旦发生口蹄疫传入的传播概率和在以下两种情况下的估计总成本：①疫病传入；②疫病传入并传播

结果	预期货币价值
生物安全－口蹄疫＋	$-5\,000+0.8\times(-8\,000\,000)+0.20\times(-200\,000)=-\$6\,445\,000$

（续）

结果	预期货币价值
生物安全－口蹄疫－	－$5 000
生物安全－	0.05×（－6 445 000）+0.95×（－5 000）=－$327 500
生物安全＋口蹄疫＋	－250 000+0.8×（－8 000 000）+0.20×（－200 000）=－$6 690 000
生物安全＋口蹄疫－	－$250 000
生物安全＋	0.01×（－6 690 000）+0.99×（－250 000）=－$314 400

在这个例子中，一个关键的输入是在两种生物安全级别下对口蹄疫传入风险的概率估计。在此，我们进行相对保守的估算，结果发现严格的边界生物安全措施将导致口蹄疫传入的年度概率降低 4%（5%－1%=4%）。如表 42 所示，如果我们选择采取严格的边境生物安全措施，那么年度预期货币价值为－314 400美元（成本为 314 400 美元）。如果我们选择采取相对宽松的生物安全措施，那么年度预期货币价值为－327 500 美元（327 500 美元的成本）。一般来说，估计的传入和传播成本越大（在这个例子中为 8 000 000 美元），就越倾向做出赞成严格的生物安全措施的决定。因此，对于此案例，结合我们已经定义的问题、我们所有建立的假设，我们使用的简化，并基于我们想降低成本的假设，我们通常将选择采用严格的边境生物安全措施。

我们出于以下几个原因对我们分析的有效性和普遍性进行怀疑。例如，我们有可能对于我们的概率估计的准确性并不确定。为了确定我们的结果是否能在其他假设条件下应用，我们用一系列估计概率或预期成本进行替代从而进行重复分析，看看这样是否改变我们的结论，这被称作"假设"或灵敏度分析。如果结论在初步估计的一系列范围内没有发生改变，那我们就可以对我们原先的结果有信心。另外，如果我们的结论随着值的小幅变化而发生改变，这可能需要我们通过查找文献或寻求专家咨询以得到更精确的估计。

回到边境安全问题，我们可能会问：如果在改变严格的生物安全措施后降低口蹄疫传入的概率，我们的分析结果将会如何发生改变？在表 43 中，我们在生物安全－条件下口蹄疫传入的年度概率为常数 0.05，我们在生物安全＋条件下改变口蹄疫传入的年度概率，在这些条件下，在严格的边境生物安全的选择产生成本效果之前，口蹄疫传入的年度概率必须至少减少到 0.01，即，如果我们要执行一个严格的边境生物安全策略，我们需要有信心将口蹄疫传入的年度概率降低 4%左右。

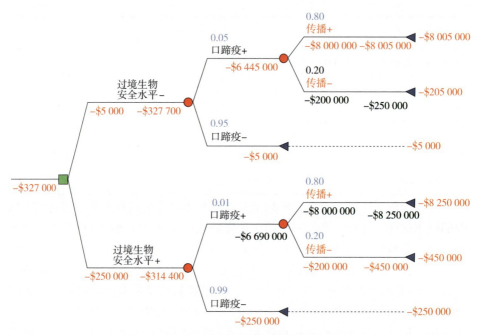

图 63：比较两种边境生物安全措施的决策树。

表 43　在严格边境生物安全措施下，口蹄疫传入概率从 0 到 0.5 区间变化时的敏感性分析

生物安全＋情况下的 口蹄疫传入概率	生物安全＋ 预期货币价值	生物安全－ 预期货币价值	决定
0.05	－＄572 000	－＄327 000	生物安全－
0.04	－＄507 600	－＄327 000	生物安全－
0.03	－＄443 200	－＄327 000	生物安全－
0.02	－＄378 800	－＄327 000	生物安全－
0.01	－＄314 400	－＄327 000	生物安全＋
0.00	－＄250 000	－＄327 000	生物安全＋

18　投资组合分析

本章学习目的:
- 解释预期投资回报（EROI）这个词的含义。解释 EROI 中可变性问题和为什么其在动物健康和生产环境方面特别重要。
- 解释什么是投资组合分析的技术。提供在管理动物群体健康和生产力等方面可以应用组合分析的案例。
- 描述应用投资组合分析来对给定的畜牧企业提出一系列干预措施建议时所需要收集的信息。

在动物健康服务上的投资决策与土地分配、劳动力和资本资源的一系列选择使用以实现净收益最大化目标的其他农场管理决策类似。一个人关于成本和从一个特定的策略中获得的收益的知识被认为是绝对确定的，每个选择的预期成果是可以计算的，决策过程是简单易懂的。在现实中，农业企业的管理者经常需要在不甚完美的知识情况下做出决策。通常情况下，面对许多可能的结果，他们只拥有部分信息，并且对规划期间每个结果出现的可能性不甚了解。

预期投资回报（EROI）常用于测量动物健康服务的相对经济价值。这种方法的一个关键假设是，每个投资回报的变化是相等的。当考虑兽医的干预措施，如家畜生产系统内在的生物学变化往往会掩盖为提高生产效率而进行的管理方面变化的微小影响，这种假设就是不合适的。这种情况下，我们需要更好的方法来制定动物卫生干预措施，这些方法需要考虑预期的结果和每个候选干预措施有关的变化程度。目标是找出权衡预期收益最大化和风险最小化的双重目标间的平衡点，也是兼容管理者的目标和对风险的态度的点。投资组合分析（基于投资组合理论的分析技术）用以解决在投资时最大化预期投资回报、同时最小化风险的投资组合选择（干预措施的组合）的问题。在这种背景下，风险被定义为预期回报的方差。

18.1　案例研究：奶牛群的健康管理

对一个奶牛群健康项目的六项性能指标的经济结果进行调查：①发情检查

效率；②首次和二次受孕率；③母牛初产的平均年龄；④小牛和母牛的死亡率；⑤散装牛奶的体细胞数；⑥谷物-牛奶比（奶牛产 1 千克牛奶所需饲喂的谷物千克数）。收集描述牛群中所有母牛的年龄、生殖和生产状况数据，并转录成一个牛群健康的软件包。通过对数据软件包中的个体动物数据模拟计算群体的统计信息。

为获得没有严格兽医干预情况下的该牛群可能的生产水平，需用估计的当前生产水平模拟五年期间的生产水平。将该模拟重复多次，并由分析师计算六个性能指标的预期值（平均值）及其标准偏差。随之，设计一组干预措施用来改善上面所提到的六个性能指标。预期的改进情况以文献报道的类似的控制方案为基础进行评估。成本被假定为常数，假设每种干预措施可以以增量单位进行投资，并且边际反应也假定为常数。

在一个五年的阶段，当对牛群施加每个干预措施时，随之开展模拟。每复制一个选项，就会计算得出一个五年阶段企业每年的年度毛利润。这些毛利润依次贴现提供净现值。在这个例子中，毛利润被定义为现金收入减去可变费用。现金收入包括销售牛奶、小牛、屠宰牛和更换过剩小母牛得到的收入。可变费用包括所有的饲料和雇佣劳动力费用，购买更换小母牛、繁殖、兽医服务、公用事业、燃料和物资的费用。将每个复制得到的净现值转换为年金，表44 提供了一组代表每个干预措施五年期间的一系列预期财务回报。

表 44　模拟的某乳制品企业采用六个干预措施之一后的 5 年毛利润年金值

年度	对照	干预措施					
		1	2	3	4	5	6
1	134 993	190 154	178 937	137 045	152 446	144 678	154 638
2	146 196	195 844	88 565	140 752	142 933	151 557	165 727
3	135 966	190 963	186 326	149 423	137 449	145 259	149 000
4	132 083	193 430	176 154	155 848	137 691	137 238	155 016
5	138 449	192 247	167 140	147 827	133 477	158 329	155 340
年度成本	—	4 655	2 900	500	400	500	500

通过每个干预措施和对照之间的年金值的差异估计出总值。EROI 可表示为五年内干预净值同年金值（项目成本）比值的平均值。提高发情检查效率（干预1）的评估过程如表45 所示。

表 45　提高发情检查效率的预期投资回报的评估过程

年度	预期投资回报
1	$[(190\ 154 - 134\ 993) - 4\ 655] \div 4\ 655 = 10.85$
2	$[(195\ 844 - 134\ 993) - 4\ 655] \div 4\ 655 = 9.67$

（续）

年度	预期投资回报
3	［（190 963 － 134 993）－4 655］÷4 655＝10.81
4	［（193 430 － 134 993）－4 655］÷4 655＝12.18
5	［（192 247－134 993）－4 655］÷4 655＝10.56
均值（Mean）	10.81
标准差（SD）	0.90
方差（Variance）	0.90×0.90＝0.81

每个干预措施的预期投资回报及其相关标准差如表 46 所示。对于一个干预措施来说，10.81 美元的 EROI 意味着在干预措施上每投资 1 美元，我们可以期望得到 10.81 美元的回报。

表 46　干预措施的预期收益和风险属性

结果	控制	干预措施					
		1	2	3	4	5	6
EROI	—	10.81	13.44	16.28	7.15	18.75	35.81
标准差	—	0.90	2.75	22.23	22.38	11.96	7.38
方差	—	0.81	7.59	494	501	143	54.4

总群健康项目的回报和风险属性（一个包含上述六个性能指标要素的项目）是由所包含的干预措施的数量及其混合所决定，具体地说，由投资于每个干预措施的可用资金的比例所决定。对于一个给定水平的回报，投资组合分析显示最低风险的措施是最有效的。从这些有效的干预措施中选择干预措施将取决于畜群经理对风险的看法。为规避风险，任何风险的提高必须要有一个适当增加的回报作为补偿：某个人越规避风险，就将越大的增加回报以抵消额外的风险。使用二次规划法可发现"风险效率"边界（使得每个预期回报的方差最小化的干预组合），也就是说，我们要：

$$\text{Minimise } V = x'Q$$

限制条件是：

$$rx \geqslant \text{EROI min}$$
$$Ax \leqslant b$$
$$x \geqslant 0$$

其中：V 代表混合方差；

　　　x 代表解决方案的向量；

　　　r 代表一个干预措施预期收益的给定矢量；

Q 代表所有干预措施的协方差矩阵；

A 代表一个给定的约束系数矩阵；

b 代表一个约束系数矩阵右边的给定矢量；

EROI min 代表能接受的最小 EROI 值。

使用表 46 中的数据，我们有一个预期收益的向量为：

$$r = \begin{pmatrix} 10.81 \\ 13.44 \\ 16.28 \\ 7.15 \\ 18.75 \\ 35.81 \end{pmatrix}$$

协方差矩阵为：

$$Q = \begin{pmatrix} 0.81 & 0 & 0 & 0 & 0 & 0 \\ 0 & 7.59 & 0 & 0 & 0 & 0 \\ 0 & 0 & 494 & 0 & 0 & 0 \\ 0 & 0 & 0 & 0 & 143 & 0 \\ 0 & 0 & 0 & 0 & 0 & 54.4 \end{pmatrix}$$

Q 的协方差计算为零。这是因为假设干预是独立的（也就是说，如果我们应用干预措施以改善发情检查，那么假设这个干预措施对小牛的死亡率没有影响）。目标是找到减少总方差的六个可能的干预措施的组合（投资组合）：

$$V = x'Qx$$

解向量 x 的第 n 个元素代表应该投资在第 n 个干预措施中的资金的比例。一个约束可能限制任何一个干预措施进行投资（限制可用资金的投资比例），例如，我们可能将限制设置为小于或等于 50%。最后实施的限制确保解决方案的 EROI 高于最低期望的水平。指定 EROI 最小值为 10（即总体最低投资预期回报率为 10 美元），这一问题的目标是最小化：

$$0.81(x_1)^2 + 7.59(x_2)^2 + 494(x_3)^2 + 501(x_4)^2 + 143(x_5)^2 + 54.4(x_6)^2$$

限制条件是：

$$x_1 + x_2 + x_3 + x_4 + x_5 + x_6 = 1$$
$$0 \leqslant x_1 \leqslant 0.50$$
$$0 \leqslant x_2 \leqslant 0.50$$
$$0 \leqslant x_3 \leqslant 0.50$$
$$0 \leqslant x_4 \leqslant 0.50$$
$$0 \leqslant x_5 \leqslant 0.50$$
$$0 \leqslant x_6 \leqslant 0.50$$

$$10.81(x_1) + 13.44(x_2) + 16.28(x_3) + 7.15(x_4) + 18.75(x_5) + 35.81(x_6) = 10$$

使用电子表格（例如，MS Excel 中的"解决"函数），此问题的解决方案为：

x_1　0.50　提高发情检查效率

x_2　0.44　提高受孕率

x_3　0.02　降低替代母牛的繁殖年龄

x_4　0.01　降低小牛死亡率

x_5　0.01　乳房炎控制

x_6　0.02　营养咨询

即，在动物健康方面所花费每 100 美元中，有 50 美元应当被用于改善发情检查效率，44 美元用于提高怀孕率，2 美元用于降低替代母牛的繁殖年龄，1 美元用于降低小牛的死亡率，1 美元用于乳房炎控制，2 美元用于营养咨询。

18.2　参数分析

当面对干预的最佳组合时，畜群管理者可能对在满足 EROI 最低要求的情况下，能够如何对解决方案进行改变更感兴趣。在这个例子中，EROI 最小值被设定在 8.99 美元（最低）和 27.88 美元（最高）之间，结果如表 47 所示。投资组合的下限（策略 A）由两个最低的 EROI 的干预措施组合而成：降低小牛死亡率（EROI 7.15）和改善发情检查情况（EROI 10.81）。投资组合的上限（策略 E）包括乳房炎控制水平的提高（EROI 18.75）和营养状况的改善（EROI 35.81）。结合最小方差可以发现，在边界之间的预期收益是个连续值。基础变化导致的解决方案值的变化如表 47 所示，也就是说，在干预措施进入或离开二次线性规划解决方案时 E-V 边界值的变化。例如，降低小牛死亡率的 EROI 为 14.09。同样，提高发情检查效率的 EROI 为 22.05。

表 47　有效群体健康项目组成百分比的参数分析

干预策略	A	B	C	D	E
发情检查	0.50	0.50	—	—	—
受孕率	0.44	0.38	0.50	—	—
母牛繁殖	0.02	0.02	0.06	0.11	—
小牛死亡率	0.01	—	—	—	—
乳房炎控制	0.01	0.02	0.08	0.38	0.50

（续）

干预策略	A	B	C	D	E
营养	0.02	0.08	0.36	0.50	0.50
EROI	12.64	14.09	22.05	26.82	27.28
SD（风险）	1.56	1.81	5.67	9.51	11.21

干预措施组合有效集的图表（在表 47 中从策略 A 到 E）如图 64 所示。这些程序代表了最有效的组合，提供了在任何风险水平下最高的回报。更进一步的风险管理是确保回报不低于某一水平。图 64 中的虚线显示低于 95% 置信水平的效率边界，通过从每个有效投资组合的 EROI 减去 1.96 的标准差而获得。

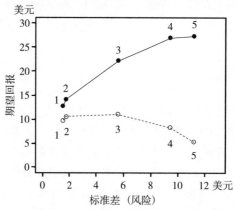

图 64：与可替代有效干预项目相关联的预期回报和风险。

在本例中，调查所选用的干预措施的操作是彼此独立的，因此它们的相关系数都是零。这个简化不是通过干预多样化来降低风险的必要条件。相关系数的范围可以在 -1 到 +1 之间变动，如果成对的干预措施的相关系数为 -1，意味着减少风险的机会最大。

第三部分

资　　源

19 练习：暴发调查

这个练习是来源于加德纳（Gardner，1990b）的资料。

一名兽医一直坚持对存栏 150 头母猪的猪群进行新生仔猪腹泻的调查。暴发前的 12 个月内，7% 的仔猪窝存在腹泻，但在最近几周受感染窝数的比例增加到 40% 左右。作为本次调查的一部分，兽医将 3 头急性感染猪送到了区域诊断实验室进行检测。结果在这 3 头送检猪中，有 1 头检测出了 08 血清型的大肠杆菌，但另外两头仔猪没有分离到任何细菌和病毒，且这 3 头仔猪的剖检症状均为急性肠炎。该兽医寻求你的帮助。

作为背景材料，该兽医提供了一份猪圈的布局图、一份日常猪场管理程序的描述以及近期怀孕母猪的记录，详细情况如下。

19.1 问题

棚舍设计。此棚舍有 16 个混凝土地面的围栏（由西向东单排排列）。1 号围栏在棚舍最西端靠近门的位置，其他围栏按数字顺序依次排列，16 号围栏靠近排气扇。母猪围栏每天至少冲洗两次。在调查期间，14 号猪圈正在进行维修而没有使用。

管理——治疗。在怀孕 110 天时，将母猪转移到干净的并经过消毒的分娩舍的围栏中。母猪在产仔时没有在旁照顾。产后第 1 天，对 1 日龄仔猪进行乳牙修剪，并为乳猪提供保温灯。母猪和仔猪都没有注射肠道病疫苗。在哺乳期间，无限制地给母猪饲喂高能量比的饲料（每千克饲料消化能 15.5 兆焦）。在怀孕期间，饲喂 2~2.5 千克的低能量比的饲料，并加上大约每天 0.5 千克的返饲粪便，以控制肠道感染和细小病毒。对每窝腹泻的仔猪进行口服痢特灵 * 治疗且每个围栏都用浅碗提供电解质以供仔猪随意饮用。

记录。你访问前，将会给你提供最近 26 次的产仔记录（2002 年 4 月）以供你检查。2002 年 4 月之前的腹泻记录由于不够详细，所以对当前调查没有价值。

---

* 痢特灵，在我国为食品动物禁用药。

19.2 诊断

农场主所做的因腹泻而死亡的诊断的可信度如何？在将来，你如何提高他们的诊断可信度？

19.3 疫病发生的情形

从相关数据估计如下比率：
- 腹泻造成的特因死亡率。
- 因腹泻造成的死因构成比。
- 腹泻病例的病死率。
- 发生腹泻的猪窝比例。
- 断奶前仔猪的死亡率。

19.4 调查

概述你开展本次腹泻疫情的调查方法（在这个阶段不需要计算任何因素特异的比率）。在你查阅历史资料、获得实验室检测结果以及了解疫病的时间和空间分布后，得到了哪些初步的结论或假设？

19.5 关联测量

分析4月26次产仔记录，并通过手算或使用计算机软件计算一些因素特异的比率或相对风险。例如：
- 与所有其他经产母猪所产仔猪相比，初产母猪所产的仔猪腹泻的发病风险比是多少？
- 与健康母猪所产仔猪相比，由生病的母猪所产仔猪发生腹泻的发病风险比是多少？
- 与小窝仔猪相比，大窝仔猪发生腹泻的发病风险比是多少？
- 与出生在9～16号围栏的仔猪相比，出生在1～8号围栏的仔猪发生腹泻的发病风险比是多少？

检查每个案例中这两种比率的统计学上是否存在显著性差异。所提供的数据是如何帮你做出更合理的假设的？混杂是否成为问题？在这一阶段的研究中，你是如何处理混杂的？

我们有兴趣对如下假设进行检验，即暴露个体疫病阳性的比例与非暴露个体疫病阳性的比例不同。因为这是标定（计数）数据，卡方检验是检验这个假设适当的方法。这包括三个步骤：

①零假设："暴露个体疫病阳性的比例与非暴露个体疫病阳性的比例是相同的。"

②卡方检验统计计算。使用标准计数法公式对 2×2 数据表中给出数据进行卡方检验统计计算：

$$x_1^2 = \frac{n(ad-bc)^2}{(a+c)(b+d)(a+b)(c+d)}$$

③我们将设定 $\alpha = 0.05$（显著性水平）来检验这个假设，并且应用单侧检验。设定 $\alpha = 0.05$ 意味着有 5% 的错误概率拒绝零假设（当它事实上是真的）。自由度为 1 时，区分卡方分布的上 5% 与剩余 95% 的临界值为 3.841（从统计数值表中可查到）。因此，如果我们计算的卡方检验统计值大于 3.841，我们可以拒绝零假设，接受备择假设，认为暴露个体疫病阳性的比例与非暴露个体疫病阳性的比例不同。

19.6　建议

基于你的发现，你对同事以及他的客户有什么建议（在没有临床试验或队列研究结果的情况下）？

19.7　临床试验

设计临床试验或前瞻性队列研究来详细检验你的假设。

19.8　财务影响

对此次 26 窝仔猪腹泻事件所造成的经济损失进行评估。目前已有以下数据：

窝	围栏	母猪	胎次	产仔日期	出生头数	断奶头数	被母猪压迫所造成的死亡数	腹泻头数	其他
1	9	124	1	2002 年 4 月 3 日	12	9	1	2	0
2	4	121	1	2002 年 4 月 3 日	9	6	1	2	0
3	12	76	3	2002 年 4 月 3 日	8	8	0	0	0
4	13	164	2	2002 年 4 月 5 日	11	9	0	2	0
5	16	27	6	2002 年 4 月 6 日	7	7	0	0	0

（续）

窝	围栏	母猪	胎次	产仔日期	出生头数	断奶头数	被母猪压迫所造成的死亡数	腹泻头数	其他
6	1	18	4	2002 年 4 月 9 日	10	6	0	4	0
7[a]	7	3	2	2002 年 4 月 10 日	14	8	2	2	2
8	3	69	8	2002 年 4 月 10 日	10	9	1	0	0
9	11	13	5	2002 年 4 月 11 日	8	8	0	0	0
10	2	101	3	2002 年 4 月 12 日	12	7	2	1	2
11	8	83	6	2002 年 4 月 14 日	11	10	1	0	0
12	5	79	2	2002 年 4 月 15 日	11	11	0	0	0
13	10	62	4	2002 年 4 月 18 日	9	8	1	0	0
14[a]	6	74	1	2002 年 4 月 18 日	10	7	0	3	0
15	4	27	1	2002 年 4 月 19 日	9	6	0	3	0
16	15	61	7	2002 年 4 月 23 日	6	5	1	0	0
17	12	52	5	2002 年 4 月 24 日	12	10	0	0	2
18	3	107	2	2002 年 4 月 26 日	15	9	4	2	0
19	16	27	3	2002 年 4 月 26 日	10	9	1	0	0
20	1	159	1	2002 年 4 月 27 日	6	6	0	0	0
21	13	41	2	2002 年 4 月 28 日	6	6	0	0	0
22	7	131	4	2002 年 4 月 29 日	8	6	0	2	0
23	9	83	6	2002 年 4 月 30 日	7	6	0	0	1
24	2	79	3	2002 年 4 月 30 日	9	9	0	0	0
25	8	128	5	2002 年 4 月 30 日	12	10	1	1	0
26	11	169	4	2002 年 4 月 30 日	11	10	0	0	1
总计					253	205	16	24	8

[a] 表示母猪在产仔期间患病。

项　　目	数值	目标
疫情发生前 12 个月内发生腹泻的窝的比例	7%	<5%
疫情发生前 12 个月内断奶前仔猪死亡率	11.5%	<12%
断奶仔猪死亡率	5%	<3%
每头猪销售的毛利润	$ 35.00	—
每窝猪的治疗成本	$ 10.00	—
大肠杆菌疫苗	2×$ 2.50	—
每头猪进行免疫注射的人工成本	$ 0.30	—

20 复习题

20.1 宿主媒介环境

一只 2 岁雄性短毛家猫发生了泌尿系统综合征，在你诊所接受了 10 天的治疗，目前正准备出院。当猫主人开出 1 500 美元支票时，他问道"我的猫今后是否还会发生泌尿系统综合征（FUS）？如果会，我该如何预防这种情况发生？"从流行病学的角度来看，你会给他什么建议？

回想一下你或你的朋友曾经发生过的三个或四个健康问题或疾病，并列出的上述每种疾病的宿主、媒介和环境等可能成为诱发疾病发生的因素。

如果接触致病因素，你认为会不会改变发病率？

列出 5~6 个对健康和疾病具有广泛和根本影响的因素，即那些改变疾病总体情况的影响因素。

反思一些曾经经过广泛实践，但目前已经被公认是错误或危险的医学和公共卫生活动。应该进行反思的活动包括 20 世纪之前的以及最近的一些活动，也应该对一些可能会面临上述同样情况的当前政策和实践进行反思。

20.2 卫生措施

假设你所属的国家没有动物种群统计数据可用，但牛群中存在疑似的流行性肺炎。现要求你设计一个方案以预防并控制此病的流行。你需要问哪些问题，从而就此疫病启动一个合理的控制措施？回答这些问题时，你需要用到哪些流行病学数据？

随着时间的推移，我们在对某种群中疫病暴发频率变化的调查中，会得到什么样的收获？

考虑什么原因会导致疫病模式的变化更可能是一种假象而非事实？你是否能把这些原因归纳为三类或四类？你认为疫病暴发频率改变的原因是什么？是否能把这些原因归成三类或四类？

现假设你需要向某位高级公务人员描述某动物群体的卫生状况，但此人之前没有任何的动物卫生方面的背景，你会选择什么方式来描述这个动物群体的卫生情况？需注意，你不仅需要特定类型的数据，你还需要保证数据的质量。

假设现有一支 1 万人的新兵队伍。你正有兴趣研究在战争中枪伤的发病率和流行率。假设所有的枪伤都将导致永久性的可见损伤。你将跟随这支新兵队伍 1 年。在此期间，所有的研究对象都存活下来，你可以得到所有的医疗记录，并且所有的新兵都可以接受采访和检查。假设全年中枪伤事件是均匀发生的，且入伍时没有新兵有枪伤。在这一年中，你确认有 20 个新兵受到了枪伤。那么，

- 枪伤的发病风险是什么？枪伤的发病率是多少？
- 在这一年的开始、中间和结束三个时间点的枪伤流行率各是多少？
- 全年时段的流行率是多少？
- 如果枪伤发病率一直保持不变，那么五年之后总共的枪伤流行率是多少？
- 在第一年结束时，这些枪伤所造成的伤痕的平均持续期是多少？
- 这五年中，在各时间点枪伤的估计流行率是多少？

在某研究中进行发病率计算时，你会用下列哪项作为分母：

- 牛犊死亡率。
- 临床诊断的乳房炎。
- 疯牛病。

20.3 关联测量

思考"风险因素"和"病因"这两个词，它们之间有什么区别？

考虑如下问题，为什么发病风险比可能会造成以下假象：风险因素对疫病有影响且因此增强了二者之间的联系。

假设对某国两个地区的马慢性阻塞性肺病（COPD）的发病情况进行比较：A 地区的空气受到污染，B 地区空气未被污染。在受到污染的 A 地区，每 10 万匹马中发生 20 例 COPD；在 B 地区，每 10 万匹马中发生 10 例 COPD。那么，

- A 地区 COPD 的发病风险比是多少？
- B 地区 COPD 的发病风险比是多少？
- 我们是否知道这些发病风险比率估计值的精确性？
- 何以解释对 A 地区发病风险比的估计值？
- 在你做以下结论之前需要考虑哪些问题：空气污染和患有 COPD 二者之间有真实联系。

假设食用干猫粮会使猫泌尿综合征的发病率增加3倍，即，发病风险比为3。

此病在未暴露组中的基准发病风险是每年 1%。假设阉割公猫中该病的基准发病风险加倍（即 2%），且因食用干猫粮所造成的发病风险比不变（仍为 3）。你现将干粮喂给 100 只未阉割公猫和 100 只阉割后的公猫，将湿粮喂给同等数量的猫群，并持续进行 5 年。随后为阉割及未阉割的公猫制备 2×2 数据表格，并分别计算此病在暴露组中与未暴露组中的比值比（odds ratio）。在发病风险比为 3 的情况下比较这两个比值比。

卫生部有一个总额为 10 万美元的促进健康的项目，用以减少冠心病的死亡率。我们可以将它用来鼓励人们减少吸烟，或鼓励人们做更多的运动。假设与这两个风险因素关联的发病风险比都为 2，流行率的变化永远相等，且心脏保护效果会很快出现，哪种选择在拯救生命中会有更好的回报？

- 首先，判断你更喜欢这两个预防计划中的哪一个。
- 现在，考虑哪一项更为普遍：吸烟还是缺乏运动？
- 当吸烟的流行率分别为 20%、30%、40% 和 50% 时，以及缺乏运动的流行率分别为 60%、70% 和 80% 时，计算群归因风险（上述这些流行率在工业化国家是真实的数据）。最终的结果推翻了还是证实了你之前的判断？

20.4　研究设计

假设有一个为期 5 年的队列研究，目的在于确定大型犬的关节炎的发病率。请描述两种测算发病率方法的优点和缺点。

假设某为期 5 年的研究，以某大学教学医院的验尸记录为基础，对大型犬的先天性心脏病发病率进行计算。同样，考虑两种发病率测算方法的优点和缺点。

在临床病例系列和群病例系列之间是否存在不同？

流行病学如何研究病因在某区域或国家中的个体之间存在着微小差异的可能作用？例如：水的含氟量、供应水的硬度或软度、每年暴露于阳光的情况。

区分横断面研究和队列研究的重要特征是什么？

解释你对"误差"一词的理解。误差和偏倚之间有什么区别？

20.5　诊断试验

你对你客户的肉牛牛群进行了一项研究：在过去的十年中，该牛群的结核病检测一直是阴性，但在最近一轮的检测中发现了阳性，你对此有什么建议？

21　流行病学资料来源

➢ EpiCentre，Massey University（梅西大学流行病学中心）　http：//epicentre. massey. ac. nz/

➢ University of Guelph，Department of Pop Medicine（圭尔夫大学流行医学系）　http：//www. ovc. uoguelph. ca/popm/

➢ Royal Veterinary College，University of London（伦敦大学皇家兽医学院）　http：//www. rvc. ac. uk/

➢ University of Michigan School of Public Health（密歇根大学公共卫生学院）　http：//www. sph. umich. edu/epid/

➢ Epidemiology Monitor（流行病学监测）　http：//www. epimonitor. net/

➢ Association of Teachers of Veterinary Public Health（兽医公共卫生教师协会）　http：//www. cvm. uiuc. edu/atvphpm/

➢ Centers for Disease Control and Prevention（美国疾病控制和预防中心）　http：//www. cdc. gov/

➢ EXCITE（EXCITE 搜索引擎）　http：//www. cdc. gov/excite/

➢ Epidemiology Supercourse（流行病学超级课程）　http：//www. pitt. edu/~super1/

➢ Veterinary Information Portal（兽医信息门户）　http：//vip. vetsci. usyd. edu. au/

➢ Centre for Veterinary Education，University of Sydney（悉尼大学兽医教育中心）　http：//www. cve. edu. au/

➢ EBM Resources（医学资源）　http：//www. dartmouth. edu/~biomed/resources. htmld/guides/ebm _ resources. shtml

➢ MPI,New Zealand(新西兰初级产业部)　http：//www. mpi. govt. nz/

➢ DAFF,Australia(澳大利亚农渔林业部)　http：//www. daff. gov. au/

➢ Defra, United Kingdom（英国环境、食品和农村事务部）http：//www. defra. gov. uk/

➢ Canadian Food Inspection Agency（加拿大食品检验机构）

http：//www. inspection. gc. ca

> Health Canada（加拿大卫生部）　http：//www. hc-sc. gc. ca/

> Instituto Nacional de Tecnología Agropecuaria（国家农牧业技术研究所）　http：//inta. gob. ar/

> The Cochrane Collaboration（协作网）　http：//www. cochrane. org

22 流行病学公式

22.1 关联测量

疾病发生的相关数据如下（2×2 表格）所示：

	患病	未患病	总计
暴露	a	b	$a+b$
无暴露	c	d	$c+d$
总计	$a+c$	$b+d$	$a+b+c+d=n$

22.1.1 横断面研究和队列研究

暴露情况下疾病的发病风险：$R_{E+}=a/(a+b)$
非暴露情况下疾病的发病风险：$R_{E-}=c/(c+d)$
总发病率风险：$R_{total}=(a+c)/n$

暴露情况下的比值：$O_{E+}=a/b$
非暴露情况下的比值：$O_{E-}=c/d$

22.1.2 病例对照研究

病例暴露的比值：$O_{D+}=a/c$
控制暴露的比值：$O_{D-}=b/d$

队列研究比值比（OR）：$OR=\dfrac{O_{E+}}{O_{E-}}$

病例-对照研究比值比（OR）：$OR=\dfrac{O_{D+}}{O_{D-}}$

发病风险比（RR）：$RR=\dfrac{R_{E+}}{R_{E-}}$

归因风险（AR）：$AR = R_{E+} - R_{E-}$

归因比例（AF）：$AF = \dfrac{R_{E+} - R_{E-}}{R_{E+}}$

群归因风险（PAR）：$PAR = R_{total} - R_{E-}$

群归因比例（PAF）：$PAF = \dfrac{R_{total} - R_{E-}}{R_{total}}$

22.2　诊断性测试

诊断性测试的数据如下（2×2 表格）所示：

	患病	不患病	总计
检测呈阳性	a	b	$a+b$
检测呈阴性	c	d	$c+d$
总计	$a+c$	$b+d$	$a+b+c+d=n$

真实流行率（TP）：$TP = \dfrac{a+c}{n}$

表观流行率（AP）：$AP = \dfrac{a+b}{n}$

敏感性（Se）：$Se = \dfrac{a}{a+c}$

特异性（Sp）：$Sp = \dfrac{d}{b+d}$

阳性预测值（PPV）：$PPV = \dfrac{a}{a+b}$

阴性预测值（NPV）：$NPV = \dfrac{d}{c+d}$

由表观流行率估计真实流行率（Rogan 和 Gladen，1978）：

$$TP = \dfrac{AP + Sp - 1}{Se + Sp - 1}$$

似然比——贝叶斯列线图

阳性似然比（LR⁺）：$LR^{+} = \dfrac{Se}{1 - Sp}$

阴性似然比（LR⁻）：$LR^{-} = \dfrac{1 - Se}{Sp}$

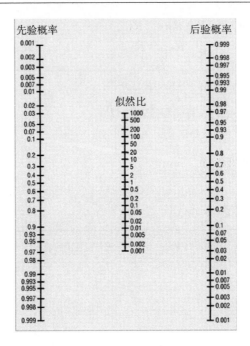

22.3 抽样

22.3.1 通过抽样估计总体参数

以简单随机抽样的方式进行所需的样本量计算用以估计总体参数（总量、平均值和比例）的公式。

$$总量：n \geqslant \frac{z^2 SD^2}{\varepsilon^2} \quad 平均值：n \geqslant \frac{z^2 SD^2}{\varepsilon^2} \quad 比例：n \geqslant \frac{z^2 (1-P_y) P_y}{\varepsilon^2}$$

其中：

z：可靠性系数（如在置信水平 $\alpha = 0.05$ 时，$z = 1.96$）。

SD：感兴趣变量的总体标准差。

P_y：未知的总体比例。

ε：样本估计值和未知总值之间的最大绝对差。

22.3.2 抽样检测疾病的存在

通过计算一个适当的样本量、用于检测疾病存在情况的公式：

$$n = (1 - \alpha^{\frac{1}{D}}) \times (N - \frac{D-1}{2})$$

其中：

N：总量。

α：1－置信水平（通常 $\alpha = 0.05$）。

D：群中患病动物的最小估计数量（即群体动物总数 × 最小预期流行率）。

参 考 文 献

Altman, D. , Bland, J. 1994a. Statistics Notes: Diagnostic tests 1: sensitivity and specificity. British Medical Journal, 308:1552.

Altman, D. , Bland, J. 1994b. Statistics notes: Diagnostic tests 2: predictive values. British Medical Journal, 309:102.

Ast, D. , Schlesinger, E. 1956. The conclusion of a ten-year study of water fluoridation. American Journal of Public Health, 46:265-271.

Brenner, H. , Greenland, S. , Savitz, D. 1992. The effects of nondifferential confounder misclassification in ecological studies. Epidemiology, 3:456-469.

Carey, J. , Klebanoff, M. , Hauth, J. , Hillier, S. , Thom, E. , Ernest, J. 2000. Metronidazole to prevent preterm delivery in pregnant women with asymptomatic bacterial vaginosis. New England Journal of Medicine, 342:534-540.

Dawson, B. , Trapp, R. 2004. Basic and Clinical Biostatistics. New York: McGraw-Hill Medical.

Deeks, J. , Altman, D. 2004. Statistics Notes: Diagnostic tests 4: likelihood ratios. British Medical Journal, 329:168-169.

Dijkhuizen, A. , Morris, R. 1997. Animal Health Economics Principles and Applications. Sydney, Australia: Post Graduate Foundation in Veterinary Science, University of Sydney.

Dohoo, I. , Martin, S. , Stryhn, H. 2003. Veterinary Epidemiologic Research. Charlottetown, Prince Edward Island, Canada: AVC Inc.

Donnelly, C. , Ghani, A. , Leung, G. , Hedley, A. , Fraser, C. , Riley, S. , et al. 2004. Epidemiological determinants of spread of causal agent of severe acute respiratory syndrome in Hong Kong. Lancet, 361:1761-1766.

Draper, G. , Vincent, T. , Kroll, M. , Swanson, J. 2005. Childhood cancer in relation to distance from high voltage power lines in England and Wales: a case-control study. British Medical Journal, 330:1290.

Elwood, J. 2007. Critical Appraisal of Epidemiological Studies and Clinical Trials. New York, USA: Oxford University Press.

Farquharson, B. 1990. On-farm trials. In Epidemiological Skills in Animal Health. Refresher Course for Veterinarians. Proceedings 143 (p. 207-212). Postgraduate Committee in Veterinary Science, University of Sydney, Sydney, Australia.

Fletcher, R. , Fletcher, S. , Wagner, E. 1996. Clinical Epidemiology. Baltimore, USA: Williams and Wilkins.

Fosgate, G. , Cohen, N. 2008. Review Article. Epidemiological study design and the advancement of equine health. Equine Veterinary Journal,40(7):693 -700.

Fransen,M. ,Woodward,M. ,Norton,R. ,Robinson,E. ,Butler,J. ,Campbell,A. 2002. Excess mortality or institutionalisation following hip fracture: men are at greater risk than women. Journal of the American Geriatrics Society,50:685-690.

Fraser,D. ,Tsai,T. ,Orenstein,W. ,Parkin,W. ,Beecham,H. ,Sharrar,R. ,et al. 1977. Legionnaires'disease—description of an epidemic of pneumonia. New England Journal of Medicine,296:1189-1197.

Friss,R. ,Sellers,T. 2009. Epidemiology for Public Health Practice. New York,USA: Jones and Bartlett.

Gardner,I. 1990a. Case study: Investigating neo-natal diarrhoea. In D. Kennedy (Ed.),Epidemiology at Work. Refresher Course for Veterinarians. Proceedings 144 (p. 109-129),Quarantine Station, North Head, NSW: Postgraduate Committee in Veterinary Science, University of Sydney,Sydney,Australia.

Gardner, I. 1990b. Reporting disease outbreaks. In D. Kennedy (Ed.), Epidemiology at Work. Refresher Course for Veterinarians. Proceedings 144 (p. 29-42). Quarantine Station, North Head,NSW: Post Graduate Committee in Veterinary Science,The University of Sydney,Sydney,Australia.

Gardner,L. ,Landsittel,D. ,Nelson,N. 1999. Risk factors for back injury in 31 076 retail merchandise store workers. American Journal of Epidemiology,150:825-833.

Garner,M. ,Hamilton,S. 2008. Principles of epidemiological modelling. Revue Scientifique et Technique de I'Office International des Epizooties,30:407 -416.

Gerstman,B. 2003. Epidemiology Kept Simple: An Introduction to Traditional and Modern Epidemiology. New York,USA: John Wiley and Sons.

Goodwin-Ray,K. ,Stevenson,M. ,Heuer,C. 2008c. Flock-level case-control study of slaughterlamb pneumonia in New Zealand. Preventive Veterinary Medicine,85:136-149.

Greenhalgh,T. 1997a. How to read a paper: Assessing the methodological quality of published papers. British Medical Journal,315:305-308.

Greenhalgh,T. 1997b. How to read a paper: Getting your bearings (deciding what the paper is about). British Medical Journal,315:243-246.

Greenhalgh,T. 1997c. How to read a paper: Papers that report diagnostic or screening tests. British Medical Journal,315:540-543.

Greenhalgh,T. 1997d. How to read a paper: Papers that summarise other papers (systematic reviews and meta-analyses). British Medical Journal,315:672-675.

Greenhalgh,T. 1997e. How to read a paper: Papers that tell you what things cost (economic analyses). British Medical Journal,315:596-599.

Greenhalgh,T. 1997f. How to read a paper: Statistics for the nonstatistician. Ⅱ: 'Significant' relations and their pitfalls. British Medical Journal,315:422-425.

Greenhalgh,T. 1997g. How to read a paper: The Medline database. British Medical Journal,

315:180-183.

Greenhalgh, T. 2006. How to Read a Paper: The Basics of Evidence-Based Medicine. London: British Medical Journal Books.

Greenhalgh, T., Taylor, R. 1997. How to read a paper: Papers that go beyond numbers (qualitative research). British Medical Journal, 315:740-743.

Greenland, S. 2009. Interactions in epidemiology: Relevance, identification, and estimation. Epidemiology, 20:14-16.

Hill, A. 1965. The environment and disease: Association or causation? Proceedings of the Royal Society of London. Series C, Medicine, 58:295-300.

Hoyert, D., Arias, E., Smith, B., Murphy, S., Kochanek, K. 1999. Deaths: final data for 1999. National Vital Statistics Reports Volume 49, Number 8. Hyattsville MD: National Center for Health Statistics.

Johansen, C., Boise, J., McLaughlin, J., Olsen, J. 2001. Cellular telephones and cancer — a nationwide cohort study in Denmark. Journal of the National Cancer Institute, 93:203-237.

Kelsey, J., Thompson, W., Evans, A. 1996. Methods in Observational Epidemiology. London: Oxford University Press.

Knol, M., Tweel, I. van der, Grobbee, D., Numans, M., Geerlings, M. 2007. Estimating interaction on an additive scale between continuous determinants in a logistic regression model. International Journal of Epidemiology, 36(5):1111-1118.

Law, A. 2005. How to build valid and credible simulation models. In M. Kuhl, N. Steiger, F. Armstrong, J. Joines (Eds.), Proceedings of the 2005 Winter Simulation Conference (p. 24-32). Orlando, Florida, USA.

Leung, W. -C. 2002. Measuring chances. Student British Medical Journal, 10:268-270.

Levy, P., Lemeshow, S. 1999. Sampling of Populations Methods and Applications. London: Wiley Series in Probability and Statistics.

Mackintosh, C., Schollum, L., Harris, R., Blackmore, D., Willis, A., Cook, N., et al. 1980. Epidemiology of leptospirosis in dairy farm workers in the Manawatu. Part I: A cross-sectional serological survey and associated occupational factors. New Zealand Veterinary Journal, 28:245-250.

Martin, S., Meek, A., Willeberg, P. 1987. Veterinary Epidemiology Principles and Methods. Ames, Iowa: Iowa State University Press.

Merrill, R., Timmreck, T. 2006. Introduction to Epidemiology (4th ed.). San Bernardino: California State University.

Messam, L., Branscum, A., Collins, M., Gardner, I. 2008. Frequentist and Bayesian approaches to prevalence estimation using examples from Johne's disease. Animal Health Research Reviews, 9:1-23.

Morris, R. 1990. Disease outbreak! What can you do? In Epidemiological Skills in Animal Health. Refresher Course for Veterinarians. Proceedings 143 (p. 321-327). Postgraduate

Committee in Veterinary Science, University of Sydney, Sydney, Australia.

Muscat, J. , Malkin, M. , Thompson, S. , Shore, R. , Stellman, S. , McRee, D. 2000. Handheld cellular telephone use and risk of brain cancer. Journal of the American Medical Association, 284:3001-3007.

Noordhuizen, J. , Frankena, K. , Hoofd, C. van der, Graat, E. 1997. Application of Quantitative Methods in Veterinary Epidemiology. Wageningen: Wageningen Pers.

Oleckno, W. 2002. Essential Epidemiology Principles and Applications. Prospect Heights, Illinois: Waveland Press.

Olsen, J. 2003. What characterises a useful concept of causation in epidemiology? Journal of Epidemiology and Community Health, 57:86-88.

Parsonnet, J. , Friedman, G. , Vandersteen, D. , Chang, Y. , Vogelman, J. , Orentreich, N. , et al. 1991. Helicobacter pylori infection and the risk of gastric-carcinoma. New England Journal of Medicine, 325(16):1127-1131.

Petrie, A. , Watson, P. 2005. Statistics for Veterinary and Animal Science. London: Blackwell Science.

Pfeiffer, D. , Robinson, T. , Stevenson, M. , Stevens, K. , Rogers, D. , Clements, A. 2008. Spatial Analysis in Epidemiology. New York, USA: Oxford University Press.

Porta, M. , Greenland, S. , Last, J. 2008. A Dictionary of Epidemiology. New York, USA: Oxford University Press.

Putt, S. , Shaw, A. , Woods, A. , Tyler, L. , James, A. 1988. Veterinary Epidemiology and Economics in Africa A Manual for use in the Design and Appraisal of Livestock Health Policy. University of Reading, Berkshire, England: Veterinary Epidemiology and Economics Research Unit.

Rinzin, K. , Stevenson, M. , Probert, D. , Bird, R. , Jackson, R. , French, N. , et al. 2008. Freeroaming and surrendered dogs and cats submitted to a humane shelter in Wellington, New Zealand, 1999-2006. New Zealand Veterinary Journal, 56:297-303.

Rogan, W. , Gladen, B. 1978. Estimating prevalence from results of a screening test. American Journal of Epidemiology, 107:71-76.

Rothman, K. 1976. Causes. American Journal of Epidemiology, 104:587- 592.

Rothman, K. , Greenland, S. , Lash, T. 2008. Modern Epidemiology. Philadelphia, USA: Lippincott, Williams and Wilkins.

Rushton, J. 2009. The Economics of Animal Health and Production. London, UK: CAB International.

Sargent, R. 2005. Verification and validation of simulation models. In M. Kuhl, N. Steiger, F. Armstrong, J. Joines (Eds.), Proceedings of the 2005 Winter Simulation Conference (p. 130-143). Orlando, Florida, USA.

Schlesselman, J. 1982. Case-Control Studies Design, Conduct, Analysis. London: Oxford University Press.

Schwarz,D. ,Grisso,J. ,Miles,C. ,Holmes,J. ,Wishner,A. ,Sutton,R. 1994. A longitudinal study of injury morbidity in an African-American population. Journal of the American Medical Association,271:755-760.

Scuffham,A. ,Legg,S. ,Firth,E. ,Stevenson,M. 2009. Prevalence and risk factors for musculoskeletal discomfort in New Zealand veterinarians. Applied Ergonomics,41:444-453.

Selvin, S. 1996. Statistical Analysis of Epidemiological Data. London: Oxford University Press.

Siscovick,D. ,Weiss,N. ,Fletcher,R. ,Lasky,T. 1984. The incidence of primary cardiac-arrest during vigorous exercise. New England Journal of Medicine,311:874-877.

Smith,R. 1995. Veterinary Clinical Epidemiology-A Problem-Oriented Approach. Boca Raton, Florida: CRC Press.

Stevenson,M. ,Morris,R. ,Lawson,A. ,Wilesmith,J. ,Ryan,J. ,Jackson,R. 2005. Area-level risks for BSE in British cattle before and after the July 1988 meat and bone meal feed ban. Preventive Veterinary Medicine,69:129-144.

Stevenson, M. , Wilesmith, J. , Ryan, J. , Morris, R. , Lawson, A. , Pfeiffer, D. , et al. 2000. Descriptive spatial analysis of the epidemic of bovine spongiform encephalopathy in Great Britain to June 1997. Veterinary Record,147:379-384.

Taylor,N. 2003. Review of the use of models in informing disease control policy development and adjustment (Tech. Rep.). London,UK: Department for Environment,Food and Rural Affairs.

Thrusfield,M. 2007. Veterinary Epidemiology. London: Blackwell Science.

Trivier, J. , Caron, J. , Mahieu, M. , Cambier, N. , Rose, C. 2001. Fatal aplastic anaemia associated with clopidogrel. Lancet,357:446.

Valent,F. ,Brusaferro,S. ,Barbone,F. 2001. A case-crossover study of sleep and childhood injury. Pediatrics,107,E23.

Vander Stoep, A. ,Beresford, S. , Weis, N. 1999. A didactic device for teaching epidemiology students how to anticipate the effect of a third factor on an exposure-outcome relation. American Journal of Epidemiology,150:221.

Webb,P. ,Bain,C. ,Pirozzo,S. 2005. Essential Epidemiology. Cambridge,UK: Cambridge University Press.

Wilesmith, J. , Stevenson, M. , King, C. , Morris, R. 2003. Spatio-temporal epidemiology of foot-and-mouth disease in two counties of Great Britain in 2001. Preventive Veterinary Medicine,61:157-170.

Will,R. ,Ironside,J. ,Zeidler,M. ,Cousens,S. ,Estibeiro,K. ,Alperovitch,A. 1996. A new variant of Creutzfeld-Jacob disease in the UK. Lancet,347:921 -925.

Yang,C. ,Chiu, H. , Cheng, M. , Tsai, S. 1998. Chlorination of drinking water and cancer in Taiwan. Environmental Research,78:1-6.

图书在版编目（CIP）数据

兽医流行病学与动物卫生经济学/（新西兰）斯蒂文森（Stevenson，M.）主编；中国动物疫病预防控制中心组译.—北京：中国农业出版社，2017.1
ISBN 978-7-109-21465-1

Ⅰ.①兽… Ⅱ.①斯…②中… Ⅲ.①兽医学－流行病学②家畜卫生－卫生经济学 Ⅳ.①S851

中国版本图书馆 CIP 数据核字（2016）第 033140 号

中国农业出版社出版
（北京市朝阳区麦子店街 18 号楼）
（邮政编码 100125）
责任编辑 刘 玮

中国农业出版社印刷厂印刷 新华书店北京发行所发行
2017 年 1 月第 1 版 2017 年 1 月北京第 1 次印刷

开本：700mm×1000mm 1/16 印张：12.75
字数：230 千字
定价：64.00 元
（凡本版图书出现印刷、装订错误，请向出版社发行部调换）